ART 国家示范性高等职业院校
艺术设计专业精品教材

高职高专艺术设计类“十二五”规划教材

Photoshop 中级技能实训教程

PHOTOSHOP
ZHONGJI JINENG
SHIXUN JIAOCHENG

主　编　杨　乐
副主编　牛敬德　白利波
参　编　鲁　娟　潘　静　马金萍
李松励　曾易平　蔡　薇
陈炎炎

华中科技大学出版社
http://www.hustp.com
中国·武汉

内 容 简 介

本书包含点阵绘图、路径运用、选定技巧、图层运用、色彩修饰、滤镜效果、文字效果与图像综合技法八个项目。

本书精选《Photoshop 试题汇编》中部分试题进行详细讲解，以期读者能尽快掌握 Photoshop 常用操作技能，达到 Photoshop 中级操作员的技能水平。

本书可作为高职高专艺术院校相关专业课堂教学和中级取证培训教材，也可供读者进行 Photoshop 中级取证操作练习和自学使用。

图书在版编目(CIP)数据

Photoshop 中级技能实训教程/杨　乐　主编. —武汉：华中科技大学出版社，2011.9
ISBN 978-7-5609-7160-5

Ⅰ. P…　Ⅱ. 杨…　Ⅲ. 图象处理软件，Photoshop-高等职业教育-教材　Ⅳ. TP391.41

中国版本图书馆 CIP 数据核字(2011)第 108535 号

Photoshop 中级技能实训教程　　　杨　乐　主编

策划编辑：曾　光　彭中军
责任编辑：韩大才
封面设计：龙文装帧
责任校对：朱　玢
责任监印：张正林
出版发行：华中科技大学出版社(中国·武汉)
武昌喻家山　　邮编：430074　　电话：(027) 81321915
录　　排：龙文装帧
印　　刷：湖北恒泰印务有限公司
开　　本：880 mm×1230 mm　1/16
印　　张：8.5
字　　数：248 千字
版　　次：2013 年 2 月第 1 版第 2 次印刷
定　　价：47.00 元

本书若有印装质量问题，请向出版社营销中心调换
全国免费服务热线：400-6679-118　竭诚为您服务

国家示范性高等职业院校艺术设计专业精品教材

高职高专艺术设计类“十二五”规划教材

基于高职高专艺术设计传媒大类课程教学与教材开发的研究成果实践教材

编审委员会名单

国家示范性高等职业院校艺术设计专业精品教材

高职高专艺术设计类“十二五”规划教材

基于高职高专艺术设计传媒大类课程教学与教材开发的研究成果实践教材

组编院校(排名不分先后)

广州番禺职业技术学院
深圳职业技术学院
天津职业大学
广西机电职业技术学院
常州轻工职业技术学院
邢台职业技术学院
长江职业学院
上海工艺美术职业学院
山东科技职业学院
随州职业技术学院
大连艺术职业学院
潍坊职业学院
广州城市职业学院
武汉商业服务学院
甘肃林业职业技术学院
湖南科技职业学院
鄂州职业大学
武汉交通职业学院
石家庄东方美术职业学院
漳州职业技术学院
广东岭南职业技术学院
石家庄科技工程职业学院
湖北生物科技职业学院
重庆航天职业技术学院
江苏信息职业技术学院
湖南工业职业技术学院
无锡南洋职业技术学院
武汉软件工程职业学院
湖南民族职业学院
湖南环境生物职业技术学院
长春职业技术学院
石家庄职业技术学院
河北工业职业技术学院
广东建设职业技术学院
辽宁经济职业技术学院
武昌理工学院
武汉城市职业学院
湖南大众传媒职业技术学院
黄冈职业技术学院
无锡商业职业技术学院
南宁职业技术学院
广西建设职业技术学院
江汉艺术职业学院
淄博职业学院
温州职业技术学院
邯郸职业技术学院
湖南女子学院
广东文艺职业学院
宁波职业技术学院
潮汕职业技术学院
四川建筑职业技术学院
海口经济学院
威海职业学院
襄樊职业技术学院
武汉工业职业技术学院
南通纺织职业技术学院
四川国际标榜职业学院
陕西服装艺术职业学院
湖北生态工程职业技术学院
重庆工商职业学院
重庆工贸职业技术学院
宁夏职业技术学院
无锡工艺职业技术学院
云南经济管理职业学院
内蒙古商贸职业学院
十堰职业技术学院
青岛职业技术学院
湖北交通职业技术学院
绵阳职业技术学院
湖北职业技术学院
浙江同济科技职业学院
沈阳市于洪区职业教育中心
安徽现代信息工程职业学院
武汉民政职业学院
天津轻工职业技术学院
重庆城市管理职业学院
顺德职业技术学院
武汉职业技术学院
黑龙江建筑职业技术学院
乌鲁木齐职业大学
黑龙江省艺术设计协会
冀中职业学院
湖南中医药大学
广西大学农学院
山东理工大学
湖北工业大学
重庆三峡学院美术学院
湖北经济学院
内蒙古农业大学
重庆工商大学设计艺术学院
石家庄学院
河北科技大学理工学院
江南大学
北京科技大学
襄樊学院
南阳理工学院
广西职业技术学院
三峡电力职业学院
唐山学院
苏州经贸职业技术学院
唐山工业职业技术学院
广东纺织职业技术学院
昆明冶金高等专科学校
江西财经大学
天津财经大学珠江学院
广东科技贸易职业学院
北京镇德职业学院
广东轻工职业技术学院
辽宁装备制造职业技术学院
湖北城市建设职业技术学院
黑龙江林业职业技术学院

总序 ZONGXU

世界职业教育发展的经验和我国职业教育发展的历程都表明，职业教育是提高国家核心竞争力的要素。职业教育的这一重要作用，主要体现在两个方面。其一，职业教育承载着满足社会需求的重任，是培养为社会直接创造价值的高素质劳动者和专门人才的教育。职业教育既是经济发展的需要，又是促进就业的需要。其二，职业教育还承载着满足个性发展需求的重任，是促进青少年成才的教育。因此，职业教育既是保证教育公平的需要，又是教育协调发展的需要。

这意味着，职业教育不仅有自己的特定目标——满足社会经济发展的人才需求，以及与之相关的就业需求，而且有自己的特殊规律——促进不同智力群体的个性发展，以及与之相关的智力开发。

长期以来，由于我们对职业教育作为一种类型教育的规律缺乏深刻的认识，加之学校职业教育又占据绝对主体地位，因此职业教育与经济、与企业联系不紧，导致职业教育的办学未能冲破“供给驱动”的束缚；由于与职业实践结合不紧密，职业教育的教学也未能跳出学科体系的框架，所培养的职业人才，其职业技能的“专”、“深”不够，工作能力不强，与行业、企业的实际需求及我国经济发展的需要相距甚远。实际上，这也不利于个人通过职业这个载体实现自身所应有的职业生涯的发展。

因此，要遵循职业教育的规律，强调校企合作、工学结合，“在做中学”，“在学中做”，就必须进行教学改革。职业教育教学应遵循“行动导向”的教学原则，强调“为了行动而学习”、“通过行动来学习”和“行动就是学习”的教育理念，让学生在由实践情境构成的、以过程逻辑为中心的行动体系中获取过程性知识，去解决“怎么做”(经验)和“怎么做更好”(策略)的问题，而不是在由专业学科构成的、以架构逻辑为中心的学科体系中去追求陈述性知识，只解决“是什么”(事实、概念等)和“为什么”(原理、规律等)的问题。由此，作为教学改革核心的课程开发，就成为职业教育教学改革成功与否的关键。

当前，在学习和借鉴国内外职业教育课程改革成功经验的基础上，工作过程导向的课程开发思想已逐渐为职业教育战线所认同。所谓工作过程，是“在企业里为完成一项工作任务并获得工作成果而进行的一个完整的工作程序”，是一个综合的、时刻处于运动状态但结构相对固定的系统。与之相关的工作过程知识，是情境化的职业经验知识与普适化的系统科学知识的交集，它“不是关于单个事务和重复性质工作的知识，而是在企业内部关系中将不同的子工作予以连接的知识”。以工作过程逻辑展开的课程开发，其内容编排以典型的职业工作任务及实际的职业工作过程为参照系，按照完整行动所特有的“资讯、决策、计划、实施、检查、评价”结构，实现学科体系的解构与行动体系的重构，实现于变化的、具体的工作过程之中获取不变的思维过程和完整的工作训练，实现实体性技术、规范性技术通过过程性技术的物化。

近年来，教育部在高等职业教育领域组织了我国职业教育史上最大的职业教育师资培训项目——中德职教师资培训项目和国家级骨干师资培训项目。这些骨干教师通过学习、了解，接受先进的教学理念和教学模式，结合中国的国情，开发了更适合中国国情、更具有中国特色的职业教育课程模式。

华中科技大学出版社结合我国正在探索的职业教育课程改革，邀请我国职业教育领域的专家、企业技术专家和企业人力资源专家，特别是国家示范校、接受过中德职教师资培训或国家级骨干师资培训的高职院校的骨干教师，为支持、推动这一课程开发应用于教学实践，进行了有意义的探索——相关教材的编写。

华中科技大学出版社的这一探索，有两个特点。

第一，课程设置针对专业所对应的职业领域，邀请相关企业的技术骨干、人力资源管理者及行业著名专家和院校骨干教师，通过访谈、问卷和研讨，提出职业工作岗位对技能型人才在技能、知识和素质方面的要求，结合目前中国高职教育的现状，共同分析、讨论课程设置存在的问题，通过科学合理的调整、增删，确定课程门类及其教学内容。

第二，教学模式针对高职教育对象的特点，积极探讨提高教学质量的有效途径，根据工作过程导向课程开发的实践，引入能够激发学习兴趣、贴近职业实践的工作任务，将项目教学作为提高教学质量、培养学生能力的主要教学方法，把适度够用的理论知识按照工作过程来梳理、编排，以促进符合职业教育规律的、新的教学模式的建立。

在此基础上，华中科技大学出版社组织出版了这套规划教材。我始终欣喜地关注着这套教材的规划、组织和编写。华中科技大学出版社敢于探索、积极创新的精神，应该大力提倡。我很乐意将这套教材介绍给读者，衷心希望这套教材能在相关课程的教学中发挥积极作用，并得到读者的青睐。我也相信，这套教材在使用的过程中，通过教学实践的检验和实际问题的解决，不断得到改进、完善和提高。我希望，华中科技大学出版社能继续发扬探索、研究的作风，在建立具有中国特色的高等职业教育的课程体系的改革之中，作出更大的贡献。

是为序。

教育部职业技术教育中心研究所
学术委员会秘书长
《中国职业技术教育》杂志主编
中国职业技术教育学会理事
教学工作委员会副主任
职教课程理论与开发研究会主任
姜大源 教授
2010 年 6 月 6 日

前言

Photoshop ZHONGJI JINENG SHIXUN JIAOCHENG

QIANYAN

本书目标明确，严格围绕 Photoshop 软件中级取证所涉及的知识点进行讲解。每个项目均按 Photoshop 软件中级取证的要求进行编写，教学模式新颖，通过完成不同工作任务来掌握该项目所需的必要操作技能，从而进一步加深对该项目知识内容的理解，实现“教学做”一体化。

本书内容共分为八个项目：项目一为点阵绘图，项目二为路径运用，项目三为选定技巧，项目四为图层运用，项目五为色彩修饰，项目六为滤镜效果，项目七为文字效果，项目八为图像综合技法。本书在编写过程中得到了相关院校领导和老师的指导与帮助，在此表示由衷感谢。

由于编写水平有限，不足之处在所难免，望广大读者批评指正。

编　者

2011 年 8 月

目录 MULU

Photoshop ZHONGJI JINENG SHIXUN JIAOCHENG

项目一
点阵绘图

Photoshop
ZHONGJI
JINENG
SHIXUN JIAOCHENG

任务一

绘制立体形状

一、任务要求　ONE

建立一个新文件，参数为 16 cm × 12 cm，72 像素 / 英寸，RGB 模式。最终效果如图 1-1 所示。

（1）绘制正方体。

（2）绘制球体。

（3）绘制灰色按钮。

图 1-1　立体形状最终效果

二、操作步骤　TWO

（1）按要求新建文件，将背景填充为紫色。

（2）绘制正方体。

①在图层调板中新建一个图层，命名为“图层 1”，绘制一个正方形选区，选区内填充为深蓝色（见图 1-2）。

②取消选区，复制“图层 1”为“图层 1 副本”，将“图层 1 副本”中的正方形水平移至“图层 1”的左侧，具体操作如图 1-3 所示。

③对“图层 1 副本”执行“图像→自由变换”（Ctrl+T）命令，将图形进行透视变换（见图 1-4）。用同样的方法制作正方体的顶面，效果如图 1-5 所示。

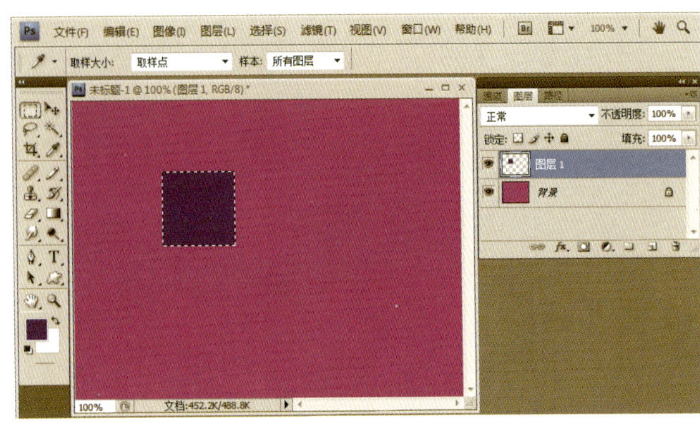

图 1–2　选区填充为深蓝色

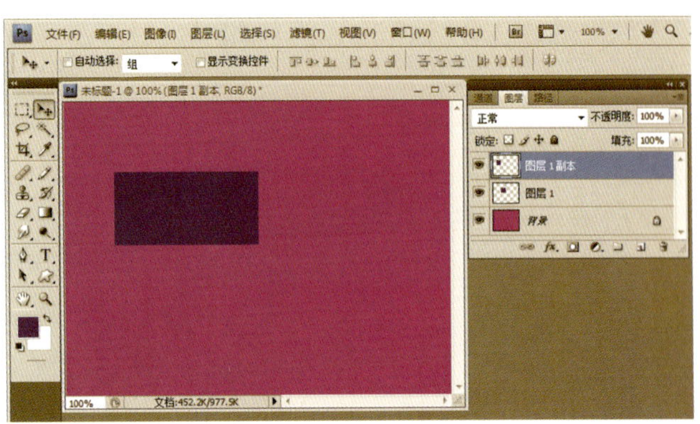

图 1–3　将正方形向右平移

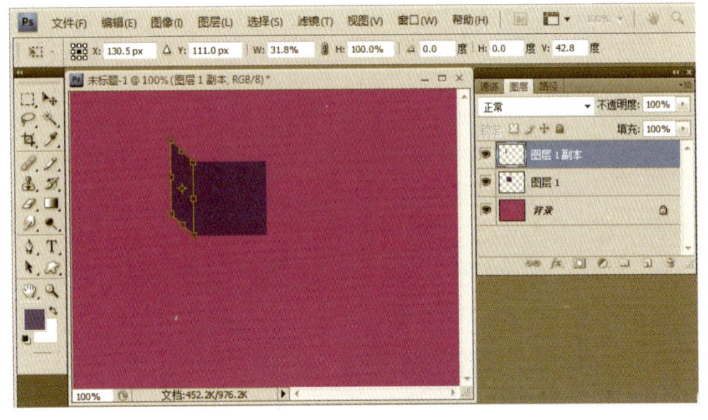

图 1–4　将图形进行透视变换

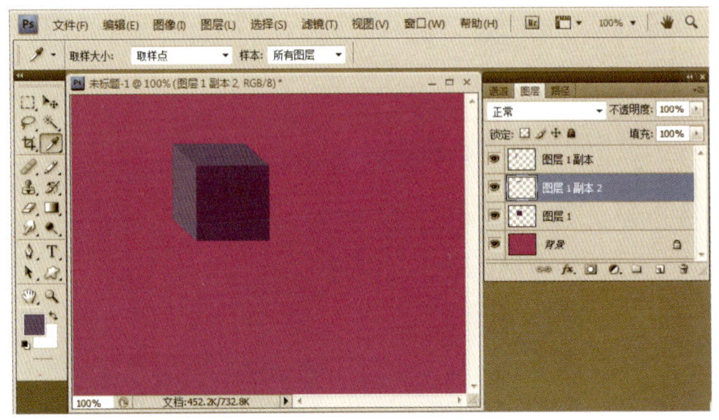

图 1–5　正方体顶面效果图

(3) 绘制球体：新建一个图层，命名为“图层 2”，绘制一个正圆形的选区，选区内填充“白—蓝”的“径向”渐变效果（见图 1–6）。

(4) 绘制灰色按钮。

①新建一个图层，命名为“图层 3”，绘制一个正圆形选区，填充“黑—白”的“线性”渐变效果（见图 1–7）。

②取消选区，复制“图层 3”为“图层 3 副本”，对副本执行“编辑→自由变换”命令中的“水平翻转”变换，再将圆形向中心缩小（按“Alt+Shift”），最终效果如图 1–1 所示。

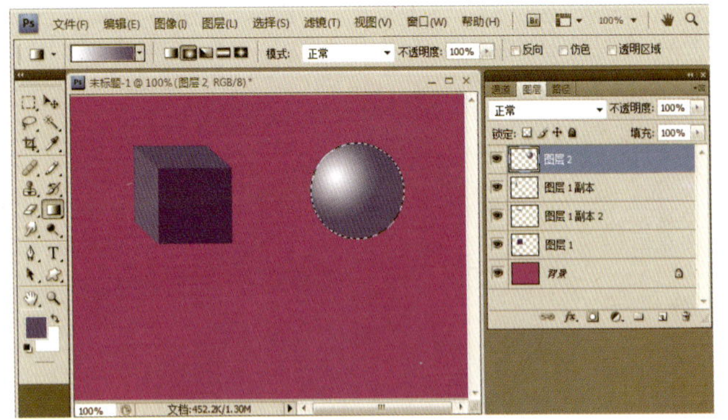

图 1–6　“径向”渐变效果

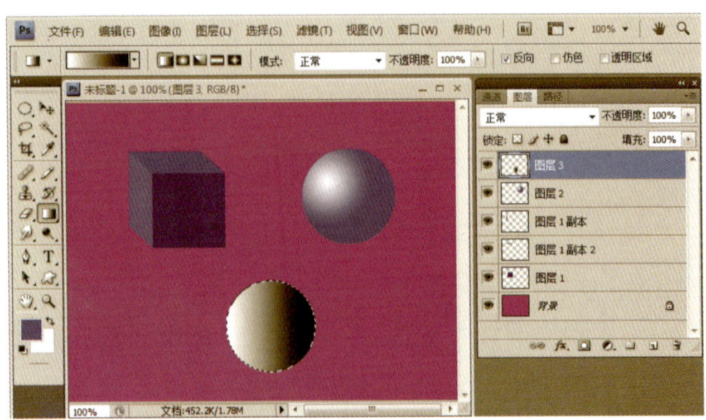

图 1–7　“线性”渐变效果

任务二

绘制玉镯形状

一、任务要求　ONE

建立一个新文件，参数为 16 cm × 12 cm，72 像素 / 英寸，RGB 模式。玉镯形状最终效果如图 1–8 所示。

(1) 颜色填充。

(2) 绘制玉镯。

二、操作步骤　TWO

(1) 按要求新建文件，背景层填充为淡蓝色。

(2) 新建一个图层，命名为“图层 1”，绘制一个圆形选区，填充为纯绿色（见图 1–9）。

(3) 用工具绘制出相应的立体效果，绘制一个简单的玉镯形状。

①保持绿色圆形的选区，执行“选择→变换选区”命令（见图 1–10），按“Alt+Shift”键将选区向中心方向缩小，双击确定变换效果（见图 1–11），按“Delete”键，删掉选区内的图像（见图 1–12）。

②为“图层 1”添加“斜面和浮雕”图层样式（“样式”内斜面，“方法”平滑，“深度”321%，“方向”上，“大小”24 像素，“软化”15 像素，“阴影”120 度，“高度”30 度，其他默认）（见图 1–13），确定后效果如图 1–8 所示。

图 1–8　玉镯形状最终效果

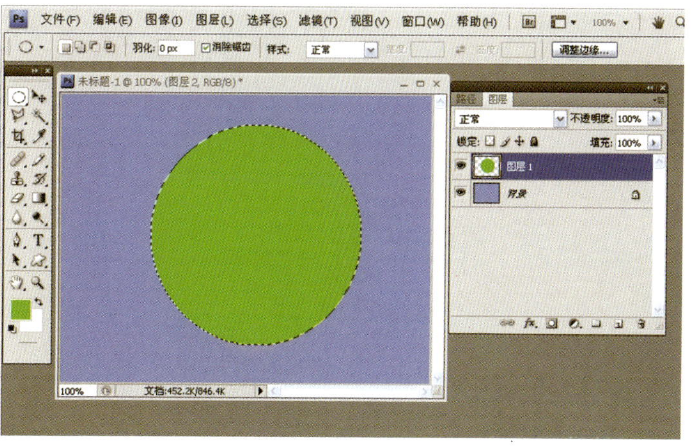

图 1–9　选区填充为纯绿色

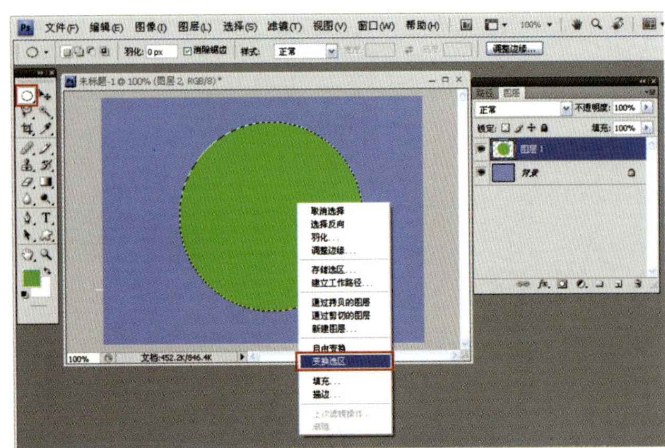

图 1-10　执行“选择→变换选区”命令

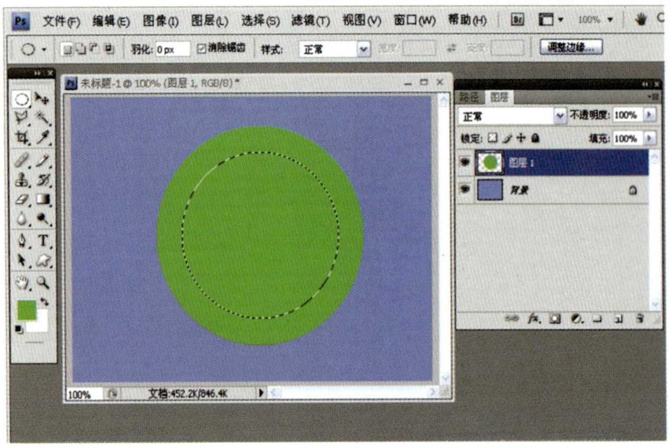

图 1-11　双击确定后的变换效果

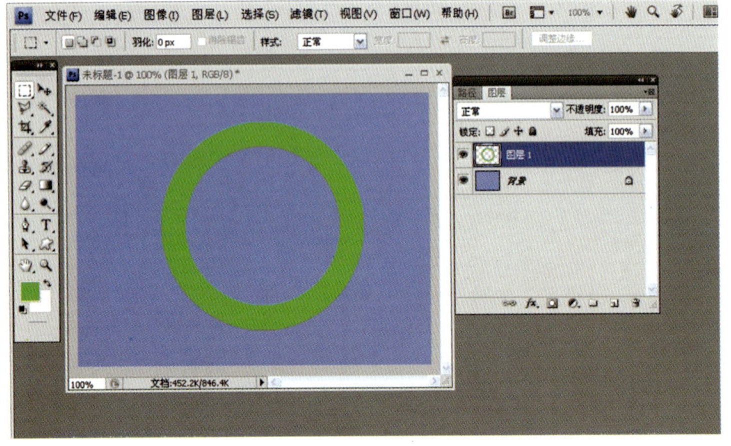

图 1-12　删掉选区内的图像

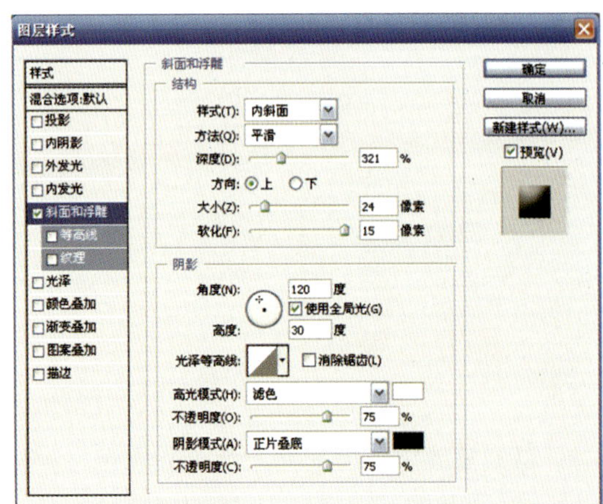

图 1-13　图层样式

任务三

绘制变形立体文字

一、任务要求　ONE

建立一个新文件，参数为 16 cm × 12 cm，72 像素 / 英寸，RGB 模式。最终效果如图 1-14 所示。

（1）文字变形。

（2）立体效果。

二、操作步骤 TWO

（1）按照要求新建文件，输入文字“BLUE”，如图 1–15 所示。

（2）制作文字的变形效果。

（3）在文本工具选项栏中打开“创建文字变形”对话框（“样式”旗帜，“弯曲”33%左右），如图 1–16 所示。

（4）定义文字图案。隐藏背景层，围绕“BLUE”绘制一个矩形选区，选区框的四边与空心字之间留出空隙，以便文字图案填充整个画布后，图案字之间能保持一定的空隙。执行“编辑→定义图案…”命令，默认命名为“图案 1”，确定后，选区内的文字即被定义为图案（见图 1–17）。

（5）取消选区，隐藏或删除文字图层，选择背景层。执行“编辑→填充…”命令，填充“图案 1”（见图 1–18），确定后的效果如图 1–19 所示。

（6）选择“自定义形状工具”，前景色设置为蓝色，工具选项栏中选择“填充像素”，“形状”选择与效果图一致的形状，具体选择如图 1–20 所示。新建一个图层，命名为“图层 1”，在文档中拖出该图形（见图 1–21）。

（7）输入文字“BLUE”，打开“创建文字变形”对话框，选择“扇形”样式（水平“弯曲”数值 –28%左右），如图 1–22 所示，最终效果如图 1–14 所示。

图 1–14　变形立体文字最终效果

图 1–15　输入文字

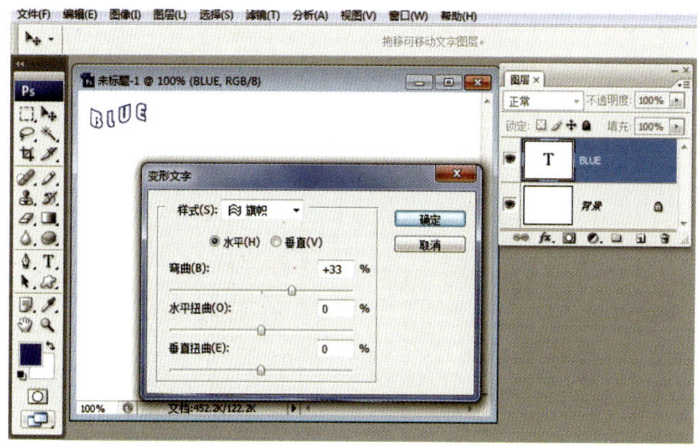

图 1–16　“创建文字变形”对话框

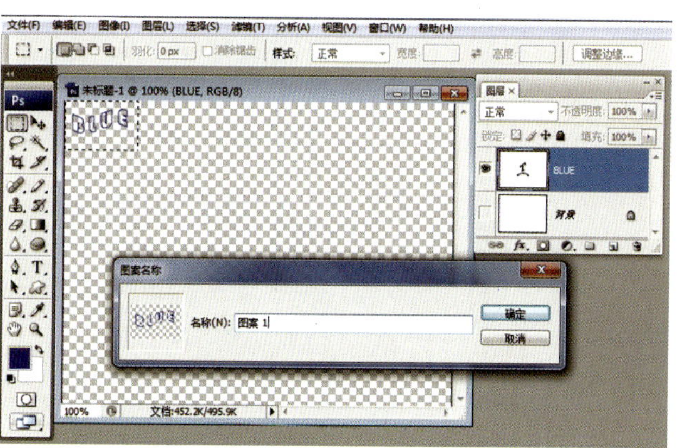

图 1–17　文字被定义为图案

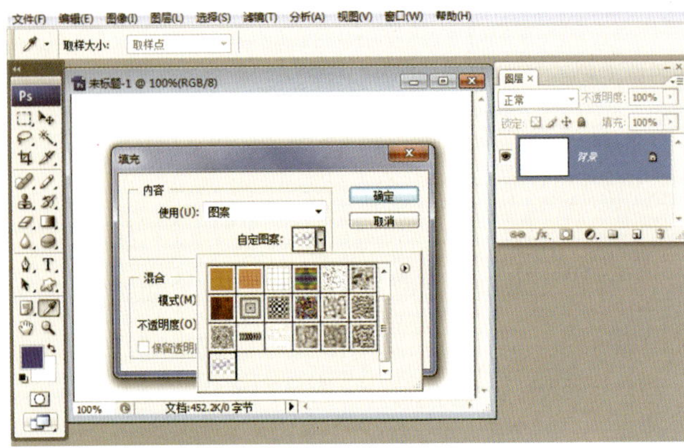

图 1-18 填充“图案 1”

图 1-19 确定后的效果

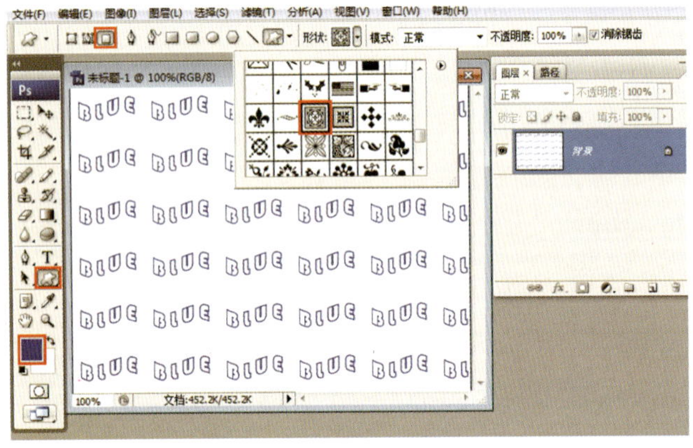

图 1-20 “自定义形状工具”具体选择

图 1-21 拖出该图形

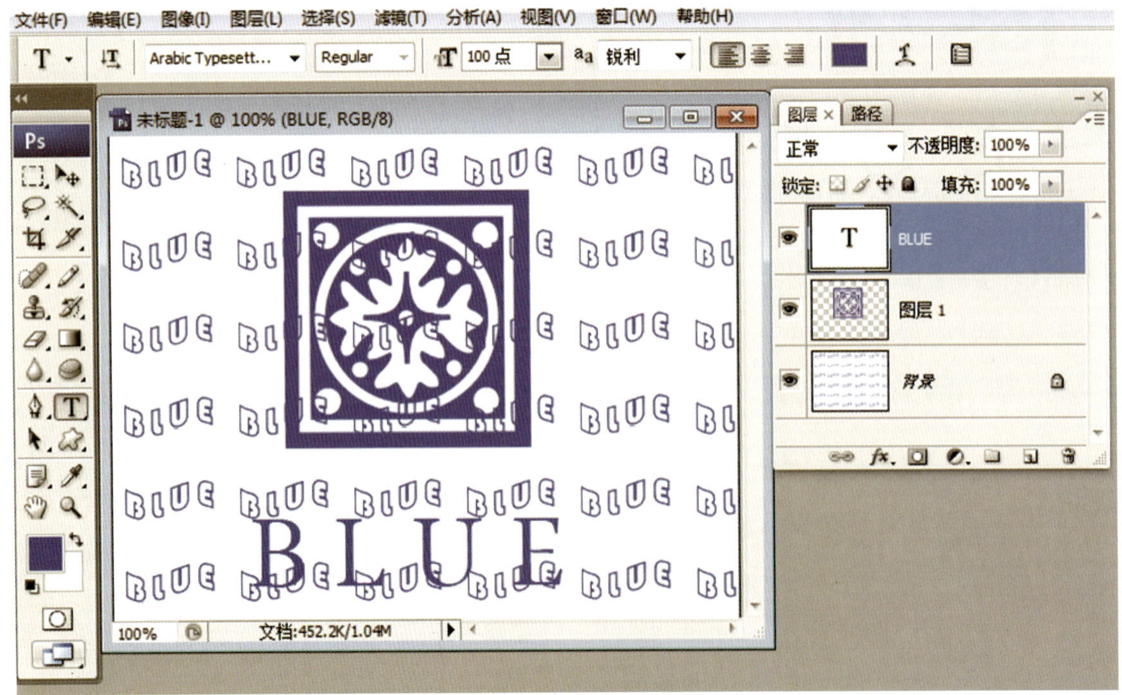

图 1-22 输入文字并处理

任务四

制作蝴蝶田间飞行效果

一、任务要求 ONE

建立一个新文件，参数为 16 cm × 12 cm，72 像素 / 英寸，RGB 模式。最终效果如图 1–23 所示。

（1）制作背景。

（2）制作飞行效果。

二、操作步骤 TWO

（1）按要求新建文件，背景图层填充“绿—白—绿”的线性渐变效果。

（2）新建一个图层，命名为“图层 1”，前景色设置为绿色，选择“自定义形状工具”，工具选项栏中使用“填充像素”，从“形状”列表中找到蝴蝶的形状，在文档中拖出该形状。

（3）调出蝴蝶的选区，新建一个图层，命名为“图层 2”，执行“编辑→描边…”命令（“宽度”3px，“颜色”浅灰色，“位置”居外），取消选区，描边效果如图 1–24 所示。

（4）选择“橡皮擦工具”，在蝴蝶的灰色边缘擦涂出深浅不一的效果（见图 1–25）。

（5）选择“画笔工具”，前景色设置为绿色，打开画笔面板，选择“小草”画笔（“直径”70px 左右，“间距”1 000%）。“小草”画笔是画笔库中的“鸟、字、花纹、字”一项。

（6）新建一个图层，命名为“图层 3”，在文档中点击一下，得到小草的画笔图形（见图 1–26）。

图 1–23 蝴蝶田间飞行最终效果

图 1–24 描边效果

图 1-25 擦涂出深浅不一的效果

图 1-26 小草的画笔图形

(7) 复制两次"图层 3",通过对图形的"旋转"变换,绘制一组小草的图案(见图 1-27)。

(8) 合并三个小草的图层为一个图层"图层 3",复制出水平方向的 5 组小草,并进行等距排列(连续选中须要排列的图层,在"移动工具"的选项栏点击"水平居中分布"按钮),如图 1-28 所示。

(9) 将水平排列好的小草图层合并为一个图层,用同样的方法绘制纵向排列的小草(等间距排列时,点击"垂直居中分布"按钮),如图 1-29 所示。

(10) 合并所有小草的图层,将蝴蝶所在图层的"不透明度"设置为 40%左右。

(11) 输入文字"XIA"。栅格化文本图层,调出"XIA"的选区,执行"选择→修改→收缩…"命令("收缩量"1px),如图 1-30 所示。

(12) 收缩选区后,羽化选区,羽化"半径"2px 左右,按"Delete"键删除羽化选区内的图像,取消选区显示,将小草的图层移至背景层之上,最终效果如图 1-23 所示。

图 1-27 绘制一组小草的图案

图 1-28 复制 5 组小草并等距排列

图 1-29 绘制纵向排列的小草

图 1-30 输入文字并处理

任务五 绘制不同颜色的怀表

一、任务要求 ONE

通过相应的复制工具复制怀表并表现不同的效果，最终效果如图 1–31 所示。

二、操作步骤 TWO

（1）打开文件 Yps1–19.tif，将怀表复制一份，放在左上角，表现灰度效果。

①打开文件 Yps1–19.tif，绘制怀表的选区（见图 1–32），羽化选区（羽化“半径”20 px 左右），拷贝并粘贴选区内的图像成为“图层 1”，将其移至左上角（见图 1–33）。

②制作怀表表盘上的灰色效果。在“图层 1”的表面上绘制一个圆形选区，羽化选区（羽化“半径”10 px 左右），接着执行“图层→新建→通过拷贝的图层”（Ctrl+J）命令，将选区内的图像拷贝至自动新建的“图层 2”，对该图层执行“图像→调整→去色”（Shift+Ctrl+U）命令，效果如图 1–34 所示。

提示：Ctrl+J 是一个复合动作，如果有选区，它代表复制选区的内容，然后粘贴到一个新建图层的对应位置；如果没有选区，它代表复制当前图层，然后粘贴到一个新建图层的对应位置。它与拷贝（Ctrl+C）、粘贴（Ctrl+V）的区别：Ctrl+V 是把物体的中心对齐图像中心，然后粘贴到当前图层，而 Ctrl+J 是复制并粘贴在原图像的位置上，但是是粘在新图层里。

（2）将怀表再复制一份，放在右上角，并制作出不同的彩色效果。最后在同一图像中分别制作出不同的灰度与彩色效果。

①复制“图层 1”为“图层 1 副本”，将其移至右上角位置。

②将“图层 1 副本”的图层不透明度设为“72%”左右，以绘制不同的彩色效果（见图 1–35）。

图 1–31 怀表最终效果图

图 1-32　绘制怀表的选区

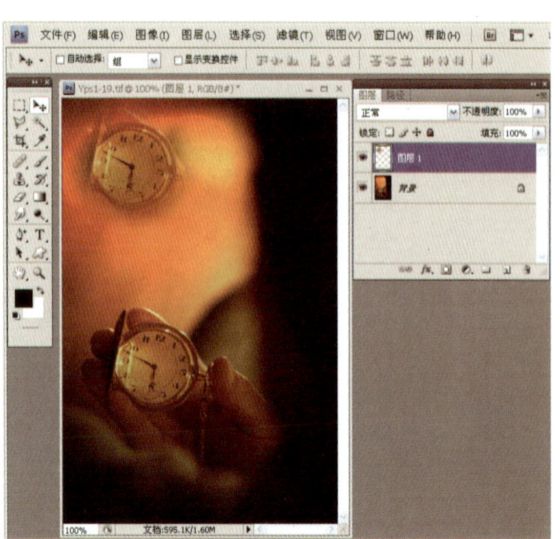

图 1-33　将“图层 1”移至左上角

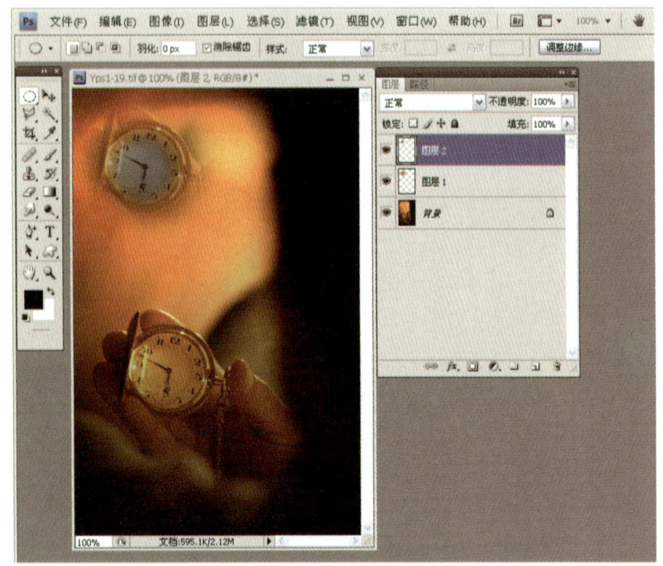

图 1-34　怀表效果

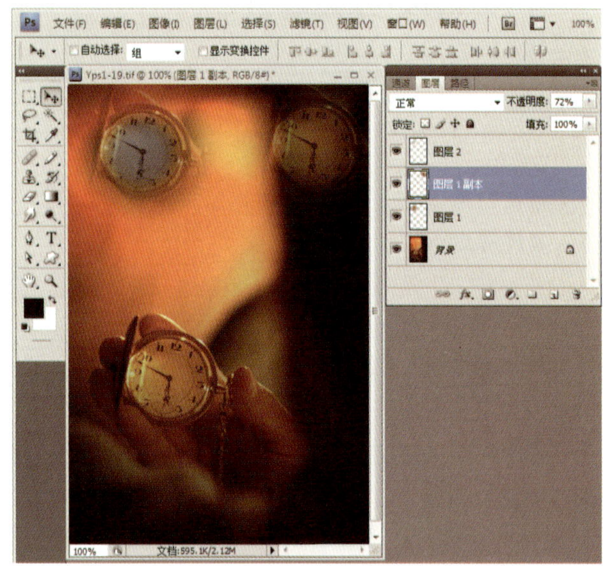

图 1-35　绘制不同的彩色效果

项目二
路径运用

Photoshop
ZHONGJI
JINENG
SHIXUN JIAOCHENG

任务一

绘制小鸟

一、任务要求　ONE

建立一个新文件，相关参数为 640 像素 × 480 像素，72 像素 / 英寸，RGB 模式。最终效果如图 2-1 所示。

（1）利用路径绘制图形。

（2）复制新图。

（3）效果渲染。

二、操作步骤　TWO

（1）按要求新建文件，打开文件 Yps2-01.tif，使用“钢笔工具”沿小鸟的外轮廓勾勒一个封闭的路径，小鸟的腿部和爪部不用绘制。

（2）使用“路径选择工具”，选中小鸟路径，拷入新建文档。在路径调板中可以看到：此时小鸟的路径层名为“路径 1”，复制“路径 1”为“路径 1 副本”，使用“路径选择工具”将它们分别放在左上、右下两侧（见图 2-2）。

图 2-1　小鸟最终效果

图 2-2　选中路径

（3）将“路径 1”（左侧小鸟）的路径转化为选区（见图 2-3）。打开图层调板，新建一个图层，命名为“图层 1”，将选区填充为效果图所示的蓝色，并加纯白色圆点作为眼睛（见图 2-4）。

填充小鸟颜色的另一种方法：先将前景色设置为蓝色，然后在图层调板中新建一个图层，命名为“图层 1”，接着在路径调板中选择“路径 1”，点选调板底端的“用前景色填充路径”图标，填充的效果将出现在“图层 1”中。

(4) 在路径调板中，将“路径 1 副本”（右侧小鸟）的路径转化为选区。打开图层调板，新建一个图层，命名为“图层 2”，将选区填充为效果图所示的黄色，并加红色圆点作为眼睛（见图 2-5）。

(5) 确定“图层 2”为当前图层，调出黄色小鸟的选区（目的是使喷涂的红色阴影全部应用于选区范围内）。

(6) 使用“画笔工具”，前景色设为纯红色，画笔“硬度”为带羽化边缘圆形画笔，画笔“直径”根据喷涂阴影的位置随时调整。在小鸟的轮廓边缘附近（选区边缘）拖动画笔喷涂出简易的阴影效果。画笔的光标不要全部置于图像内喷涂（见图 2-6）。

(7) 制作黄色小鸟的阴影。为“图层 2”添加“投影”的图层样式（见图 2-7），最终效果如图 2-1 所示。

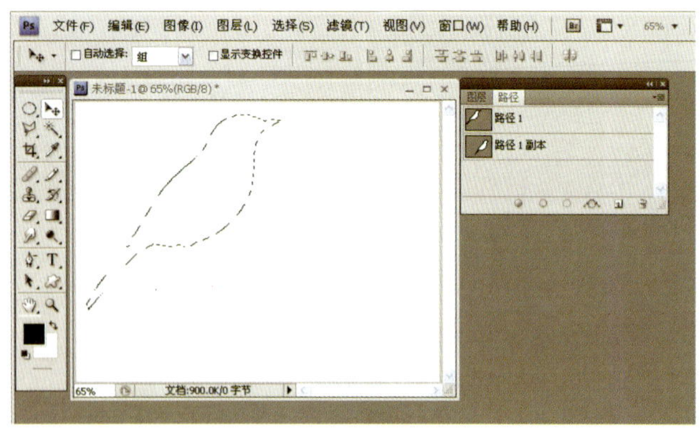

图 2-3 路径转化为选区

图 2-4 加纯白色圆点作为眼睛

图 2-5 加红色圆点作为眼睛

图 2-6 画笔的光标不要全部置于图像内喷涂

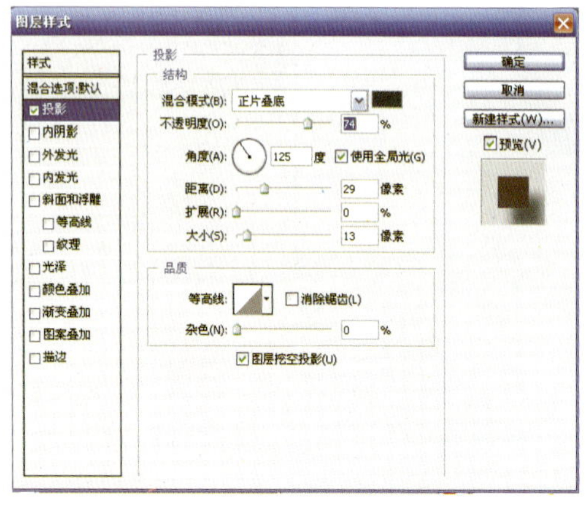

图 2-7 添加“投影”的图层样式

任务二

绘制企鹅

一、任务要求　ONE

建立一个新文件，相关参数为 640 像素 × 480 像素，72 像素 / 英寸，RGB 模式。最终效果如图 2-8 所示。

（1）利用路径绘制图形。

（2）复制图形。

（3）效果渲染。

二、操作步骤　TWO

（1）按要求新建文档，打开文件 Yps2-02.tif，用“钢笔工具”将企鹅的外轮廓绘制成一个封闭的路径（见图 2-9）。

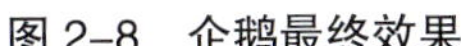

图 2-8　企鹅最终效果

图 2-9　绘制成一个封闭的路径

（2）将企鹅 Path 图形完整地拷入新文件中，再复制一个新 Path 图形，将它们分别放在左、右两侧。

（3）将左侧企鹅轮廓做水平翻转（使两企鹅面面相对）。企鹅的路径绘制完成后，点击鼠标右键，在快捷菜单中选择“自由变换路径”（Ctrl+T），将路径“水平翻转”（见图 2-10）。

（4）将企鹅的背部、翅膀、脚喷成黑色，腹部喷成白色，再加上黄色眼睛。将背景做成由纯蓝和纯白构成的云彩效果。

①背景的云彩效果。前景色设置为白色，背景色设置为蓝色，执行“滤镜→渲染→云彩”命令，如图 2-11

所示（可多次重复该滤镜的效果 Ctrl+F，直至满意为止）。

②分别新建“图层 1”、“图层 2”，依次调出左右两只企鹅的路径选区，使用“画笔工具”，将左右两只将企鹅的背部、翅膀、脚喷成黑色，腹部喷成白色，再加上黄色眼睛（见图 2-12）。

图 2-10　将路径“水平翻转”

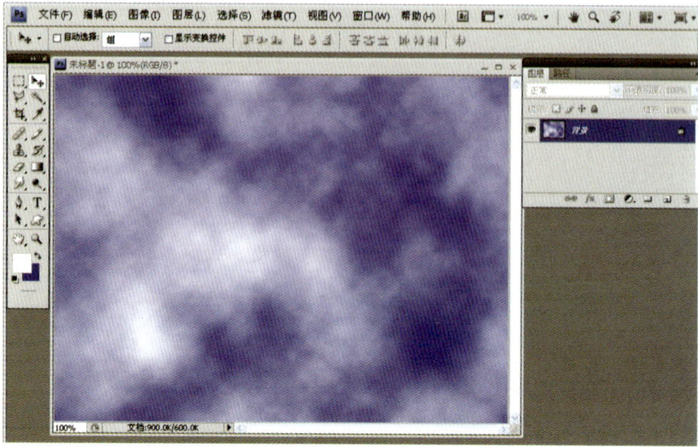

图 2-11　执行“云彩”命令

图 2-12　对图像进行处理

任务三

绘制鱼

一、任务要求 ONE

建立一个新文件，相关参数为 640 像素 × 480 像素，72 像素 / 英寸，RGB 模式。最终效果如图 2-13 所示。

（1）利用路径绘制图形。

（2）复制图形。

（3）效果渲染。

二、操作步骤　TWO

（1）按要求新建文档，打开文件 Yps2-09.tif，使用“钢笔工具”沿鱼的外轮廓勾勒一个封闭的路径。

（2）将鱼的轮廓拷入新文件中，再复制一个新的轮廓线，将它们分别置于上、下两侧（要有两个独立的 Path 路径），如图 2-14 所示。

图 2-13　鱼的最终效果

图 2-14　将鱼的轮廓拷入新文件并处理

（3）将上方轮廓填充为纯红色，用白色圆点作为眼睛，并用直径为 9 像素，硬度为 0% 的笔刷沿路径描一条纯黄色边界线（见图 2-15）。

（4）将下方轮廓填充纯红色与白色的随机点状，用白色圆点作为眼睛，用与上一步同样的笔刷沿路径描一条纯黄色边界线，并在右下侧表现简易阴影效果。

①调出下侧鱼的路径选区。转到图层调板，新建一个图层“图层 2”，选区内填充纯红色，图层混合模式选择“溶解”，图层“填充”60%左右（见图 2-16）。

②新建一个图层，命名为“图层 3”，用于对下方鱼进行黄色路径描边。如果仍然在“图层 2”描边，那么该图层原有的“溶解”模式会影响描边的效果。

③选择“画笔工具”，画笔“直径”9px、“硬度”0%、前景色设为黄色。

图 2-15　处理上方的鱼轮廓

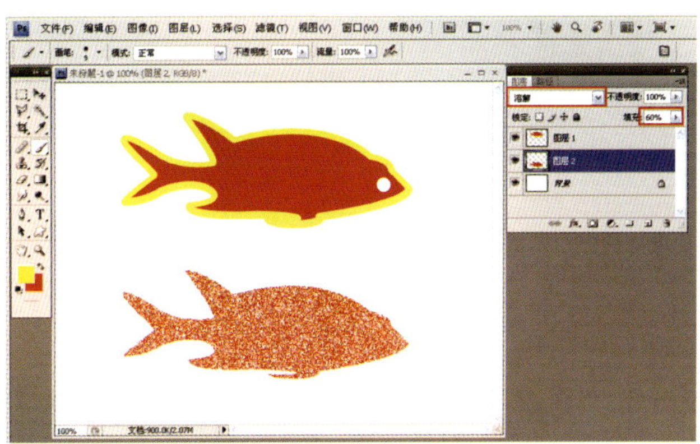

图 2-16　处理下方的鱼轮廓

④打开路径调板，选择“路径 1 副本”（下侧的鱼），点击路径调板底端“用画笔描边路径”图标。回到图层调板，可看到“图层 3”中的路径描边效果（见图 2-17）。

⑤参照效果图为“图层 2”添加“投影”的图层样式（见图 2-18），喷涂白色眼睛，最终效果如图 2-13 所示。

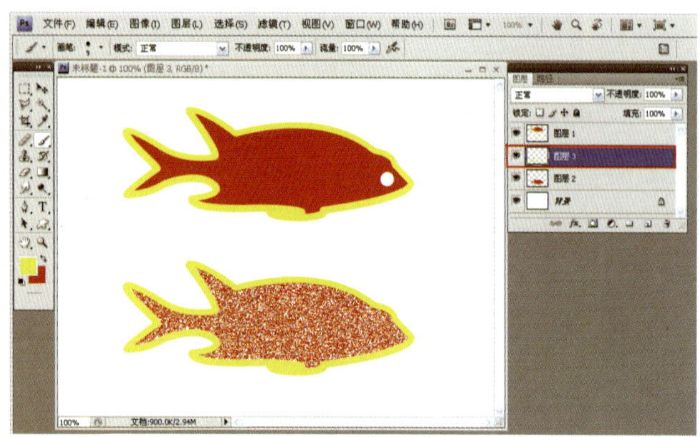

图 2-17 路径描边效果

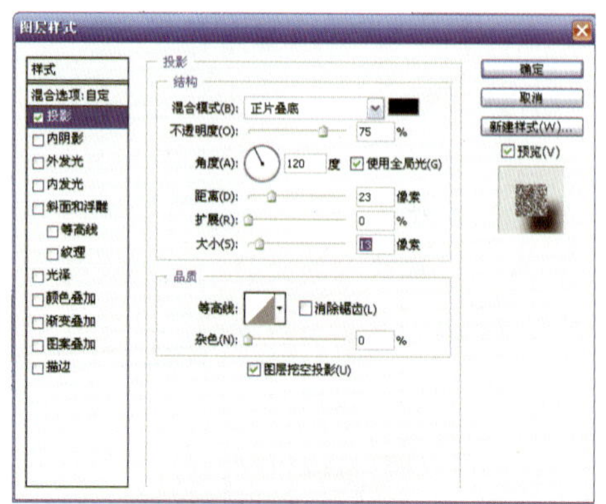

图 2-18 添加“投影”的图层样式

任务四

绘制壶

一、任务要求 ONE

图 2-19 壶的最终效果

建立一个新文件，相关参数为 640 像素 × 480 像素，72 像素 / 英寸，RGB 模式。最终效果如图 2-19 所示。

(1) 利用路径绘制图形。

(2) 复制图形。

(3) 效果渲染。

二、操作步骤 TWO

(1) 按要求新建文档，打开文件 Yps2-14.tif，使用“钢笔工具”沿壶的外轮廓勾勒一个封闭的路径。

(2) 将壶的轮廓拷入新文件中，再复制一个新的轮廓，将它们分别放在左、右两侧（要有两个独立的路径）。

壶手柄处是挖空的，因此在使用“钢笔工具”勾勒轮廓前，需要在工具选项栏中将路径的绘制方式设定为

“排除重叠区域的路径”（见图 2-20）。

①使用“钢笔工具”沿壶的外轮廓勾勒出一条封闭的路径，接着再沿壶手柄内侧勾勒出第二条封闭路径，这样第一条和第二条路径之间的重叠区域就被排除在外（见图 2-21）。

②将路径拖入新建文档中，再按要求复制出左右两侧壶的路径（见图 2-22）。

图 2-20　绘制方式设定

图 2-21　壶的轮廓处理

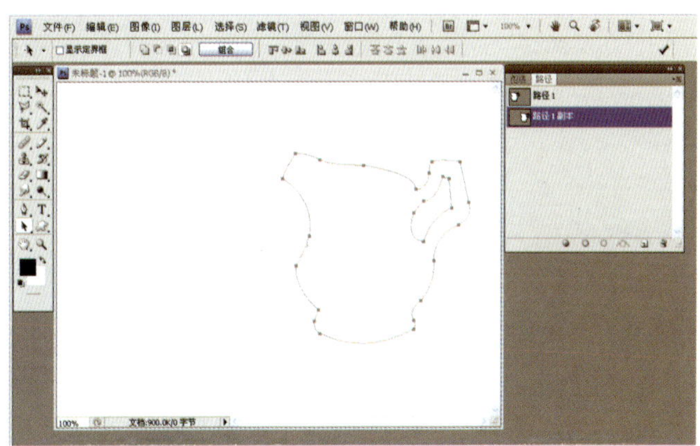

图 2-22　路径处理

（3）将左侧的轮廓填充为纯绿色，加绿色圆点表现壶盖顶端的把手。

①新建一个图层“图层 1”，将左侧的壶填充为纯绿色，并加绿色圆点作为壶盖顶端的把手（见图 2-23）。

②新建一个图层“图层 2”，将右侧的壶填充“纯蓝—白”的辐射渐变（见图 2-24）。

图 2-23　把手处理

图 2-24　辐射渐变

（4）将右侧的轮廓描一条纯蓝色边界线，加同色圆点表现盖的把手，右下侧喷出简易阴影效果。

①保持右侧壶的选区状态，对右侧壶的轮廓进行描边。

提示：效果图中壶的手柄内侧未显示描边效果（见图 2-25），因此在当前选区中，使用“套索工具”按住“Shift”键，圈出壶手柄内侧的选区，此时选区显示的便是整个壶的外轮廓（见图 2-26），执行描边后的效果如图 2-27 所示。

②新建一个图层为“图层 3”，绘制具有渐变与描边效果的圆形壶盖（见图 2-28）。

③制作简易阴影。此处的阴影效果，是物体投射在水平面上的阴影，所以不能使用“图层样式”中的“投影”。在图层调板中，复制“图层 2”为“图层 2 副本”，将下层“图层 2 副本”中的壶填充为投影的颜色。执行“自由变换”命令中的“扭曲”变换（见图 2-29）。接着对该投影执行“滤镜→模糊→高斯模糊”命令，最终效果如图2-19所示。

图 2-25 未显示描边效果

图 2-26 壶的外轮廓

图 2-27 描边后的效果

图 2-28 圆形壶盖

图 2-29 “扭曲”变换

任务五

绘制椰子树

一、任务要求 ONE

建立一个新文件，相关参数为 640 像素 × 480 像素，72 像素 / 英寸，RGB 模式。最终效果如图 2-30 所示。

（1）利用路径绘制图形。

（2）复制图形。

（3）效果渲染。

二、操作步骤 TWO

操作提示：右下侧简易阴影效果。

(1) 新建一个图层，将该图层放在右侧椰树的下层，选择“画笔工具”，打开画笔面板，选择圆形画笔，画笔“直径”75px 左右，“角度”22° 左右，“圆度”20%左右，“硬度”100%，此时画笔呈带倾斜角度的椭圆形，在右下侧的树根位置点击一下，便得到画笔的椭圆形态（见图 2-31）。

(2) 对“图层 3”执行“滤镜→模糊→径向模糊”命令（见图 2-32）。

图 2-30 椰树最终效果

图 2-31 画笔的椭圆形态

图 2-32 执行“径向模糊”命令

项目三
选定技巧

Photoshop
ZHONGJI
JINENG
SHIXUN JIAOCHENG

任务一

合成图像效果

一、任务要求 ONE

建立一个新文件，相关参数为 340 像素 × 480 像素，72 像素 / 英寸，RGB 模式。利用选定等操作，制作合成图像效果，最终效果如图 3–1 所示。

（1）按要求新建文件，制作背景。

（2）效果渲染。

图 3–1　合成图像效果

二、操作步骤 TWO

（1）按要求新建文件，将背景填充“白色—纯蓝（B：255、R：0、G：0）”的线性渐变。

（2）打开文件 Yps3–02.tif，将花枝全部选定（不包括黑色背景），并拷贝至新文件中成为“图层 1”（见图 3–2）。

（3）将整个图像制作成有一定羽化的黄色边框效果。新建一个图层为“图层 2”，填充黄色。绘制一个矩形选区（见图 3–3），羽化选区（羽化“半径”10px 左右），如图 3–4 所示，按“Delete”键，删除羽化选区内的图像，得到带羽化效果的黄色边框（见图 3–5）。

图 3–2　图层 1

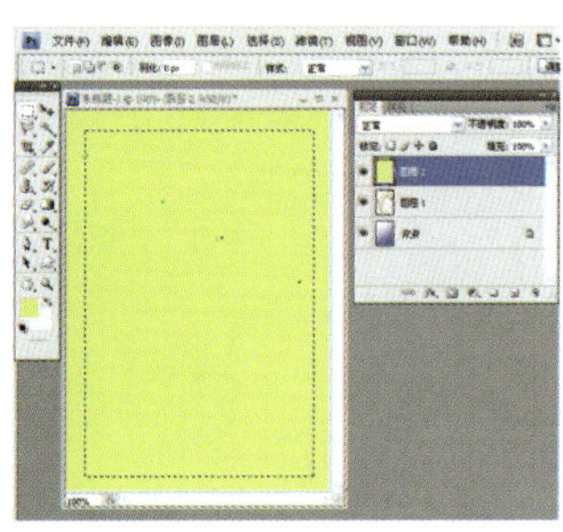

图 3–3　绘制一个矩形选区

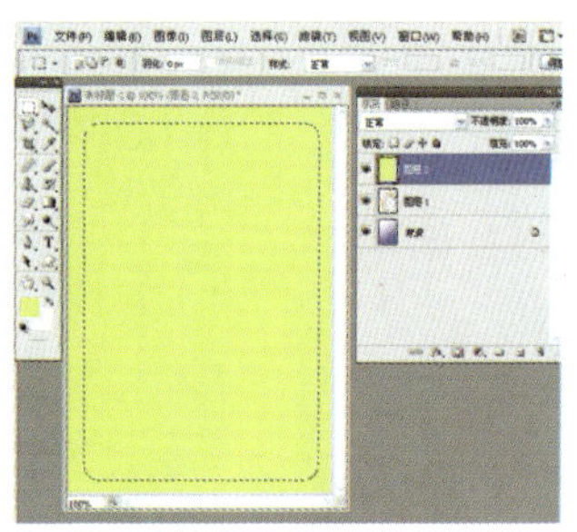

图 3–4　羽化选区

图 3–5　带羽化效果的黄色边框

任务二

人像处理

一、任务要求 ONE

利用选定等操作，制作合成图像效果，最终效果如图 3-6 所示。

（1）淡化处理。

（2）晕化处理。

（3）羽化处理。

二、操作步骤 TWO

（1）打开文件 Yps3a-03.tif，使用“减淡工具”，在需要减淡的区域涂抹，效果如图 3-7 所示。

（2）打开文件 Yps3b-03.tif，选定头部选区，羽化选区（羽化“半径”10px），将选区内的图像拷入 Yps3a-03.tif 成为“图层 1”（见图 3-8）。

（3）复制出其他位置的头像（见图 3-9）。使用“橡皮擦工具”，参照效果图，擦涂出效果图所示效果（见图 3-6）。

图 3-6　人像最终效果

图 3-7　用“减淡工具”涂抹后的效果

图 3-8　拷入图像

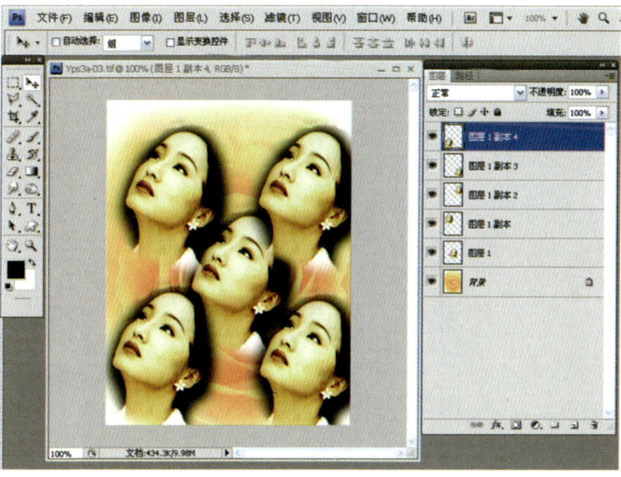

图 3-9　头像复制

任务三

绘制汽车

一、操作要求　ONE

利用选定等操作，制作合成图像效果，最终效果如图 3-10 所示。

二、操作步骤　TWO

（1）调出文件 Yps3a-05.tif，将树缝中的白色部分选定。

①打开文件 Yps3a-05.tif，将背景图层转换为普通图层“图层 0”。

②使用“魔棒工具”配合“选取相似”命令，选定树缝中的白色部分并按“Delete”键删除选区内的图像（见图 3-11）。

（2）调出文件 Yps3b-05.tif，全部选定拷贝至文件 Yps3a-05.tif 中替换掉树缝中的白色部分（产生山坡下的花园效果）。将 Yps3b-05.tif 图像拷入 Yps3a-05.tif 成为“图层 1”，置于最底层（见图 3-12）。

（3）调出文件 Yps3c-05.tif，将汽车全部选定拷贝至 Yps3a-05.tif 中，并做出汽车在树后面的效果。

①打开文件 Yps3c-05.tif，选定汽车的图像拷入 Yps3a-05.tif 成为“图层 2”，置于最顶层（见图 3-13）。

图 3-10 汽车最终效果图

图 3-11 删除图像

图 3-12 对图像进行处理

图 3-13 拷入汽车图像并处理

图 3-14 选定汽车后面树干

②制作汽车在树后面的效果。先隐藏汽车的图层，选择“图层 0”，使用“磁性套索工具”选定汽车后面树干（见图 3-14）。保持选区，执行“图层→新建→通过拷贝的图层”（Ctrl+J）命令，将选区图像原位置拷贝至自动新建的“图层 3”（见图 3-15）。

③显示汽车的图层，置于“图层 3”的下层（见图 3-16）。

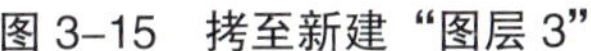

图 3–15　拷至新建“图层 3”

图 3–16　置于“图层 3”的下层后的效果

任务四

绘制光盘

一、任务要求　ONE

利用选定等操作，制作合成图像效果，最终效果如图 3–17 所示。

二、操作步骤　TWO

(1) 建一个新文件，文件参数为 10 cm × 8 cm，100 像素 / 英寸，RGB 模式。

(2) 选定一个正圆，辐射填充七彩色，新盘四周边界作带状选定，填充二色渐变。

①按照要求新建文档，新建一个图层为“图层 1”，绘制一个正圆形的选区。

②打开渐变编辑器，选择“色谱”渐变（见图 3–18），根据效果图中光盘的渐变颜色，重新安排渐变颜色的顺序，并依次调整每两个颜色之间“颜色中点”的位置，使之更偏移于一侧的颜色（见图 3–19）。

③编辑完成后，选择“角度”渐变模式，在选区内拖出渐变效果（见图 3–20）。

(3) 将彩盘的中心挖去一个正圆，并在小圆边界作环状渐变色。

①保持当前选区，执行“变换选区”命令，将选区向中心等比缩小（见图 3–21），确定后按“Delete”键删除选区内的图像（见图 3–22）。

②重新调出“图层 1”的图像选区，执行“选择→修改→扩展…”命令（“扩展量”6px 左右），使选区边缘向外扩展（见图 3–23）。

图 3-17　光盘最终效果

图 3-18　选择“色谱”渐变

图 3-19　调整“颜色中点”的位置

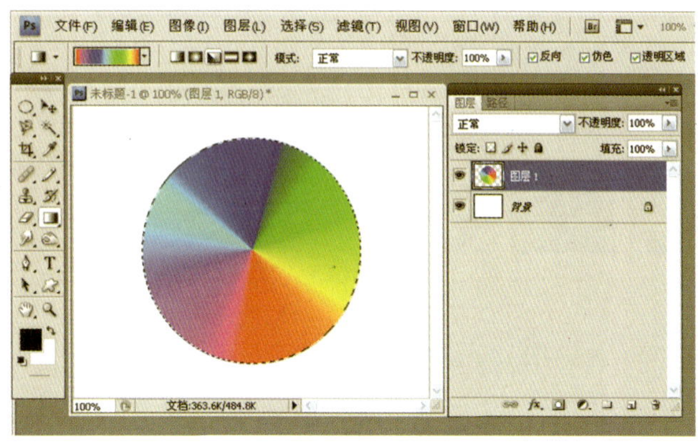

图 3-20　拖出渐变效果

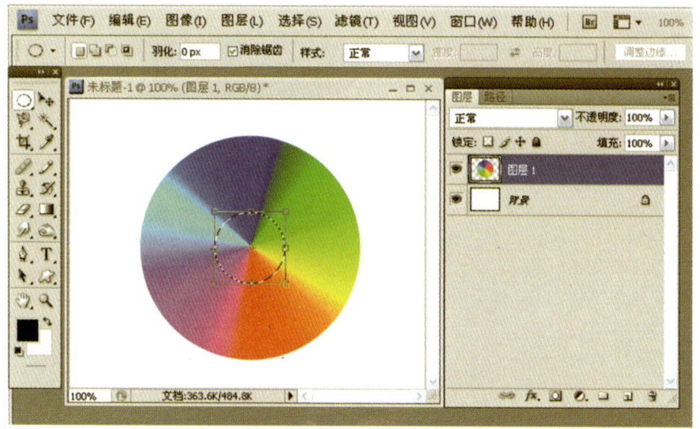

图 3-21　将选区向中心等比缩小

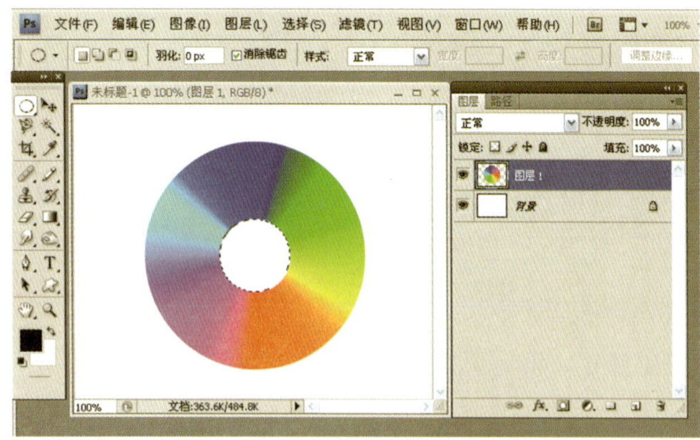

图 3-22　删除选区内的图像

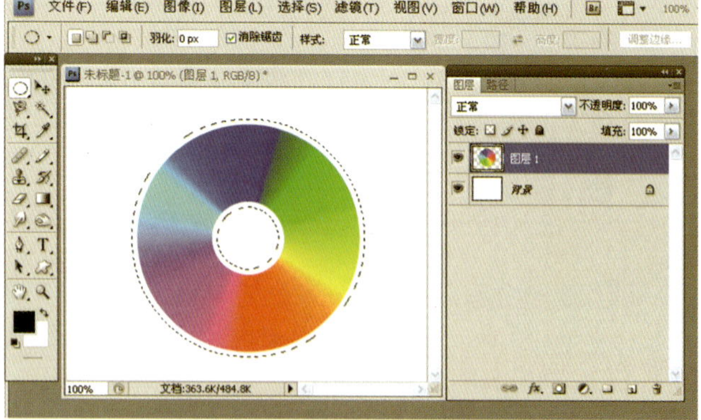

图 3-23　使选区边缘向外扩展

③保持选区，新建一个图层“图层 2”，将该图层置于“图层 1”的下层。选择“渐变工具”，在“渐变编辑器”中选择“铬黄”渐变（见图 3-24），适当调整“颜色中点”的位置（见图 3-25），用“角度”渐变模式填充当前选区（见图 3-26）。

④观察效果图，我们发现内圈“铬黄”渐变的角度与外圈不一致。使用“椭圆选框工具”选定需要调整的部分（见图 3-27），执行“自由变化”命令，将选区内的图像旋转一点角度即可，确定后最终效果如图 3-17 所示。

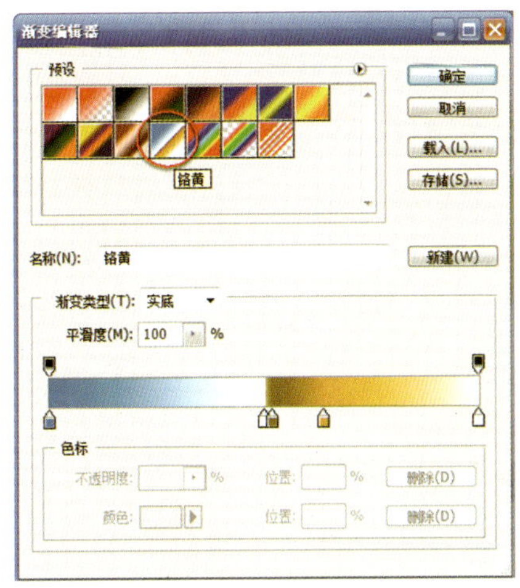

图 3-24　“铬黄”渐变

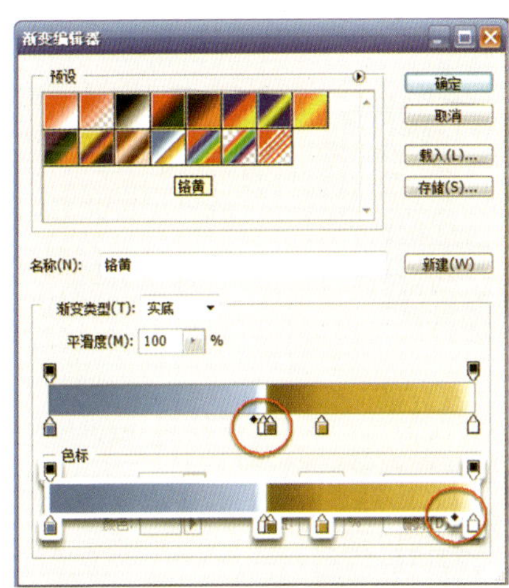

图 3-25　调整“颜色中点”位置

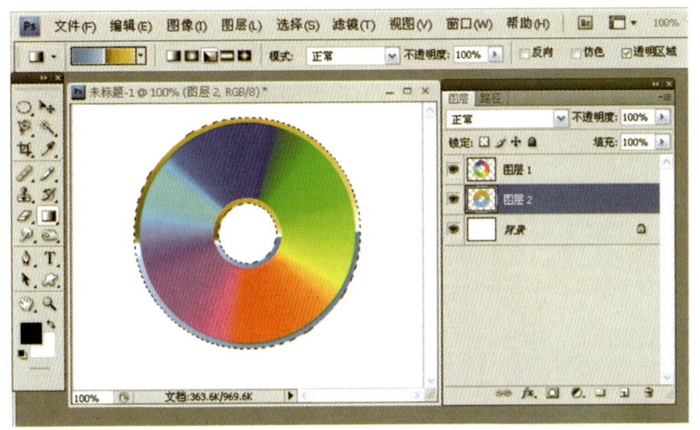

图 3-26　用“角度”渐变模式填充当前选区

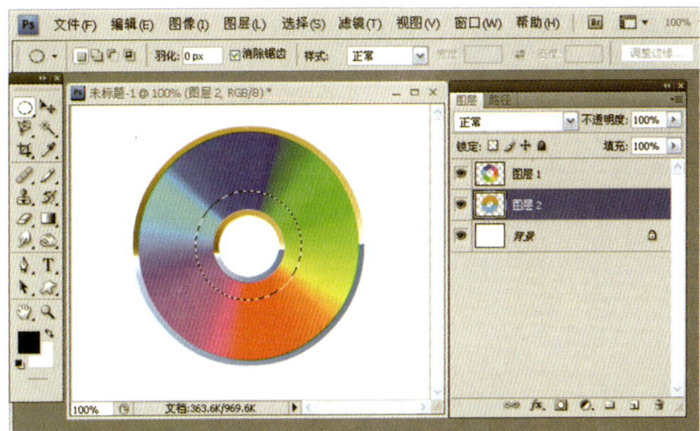

图 3-27　选定需要调整的部分

任务五

文字处理

一、任务要求　ONE

利用选定等操作，制作合成图像效果，最终效果如图 3-28 所示。

二、操作步骤　TWO

(1) 调出文件 Yps3-14.tif，该文件已有 1 个 Alpha 通道。

图 3-28　文字最终效果

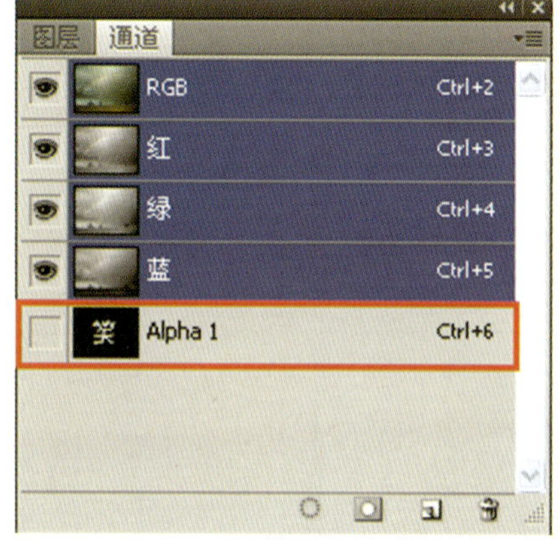

图 3-29　文字通道

①打开通道调板，当前共有五个通道，最下面的 Alpha 通道是“笑”字（见图 3-29）。

②按住“Ctrl”点击通道“Alpha 1”（或执行“选择→载入选区…”），载入“Alpha 1”的选区（见图 3-30）。

③在图层调板中新建一个图层“图层 1”，选区内填充为白色（见图 3-31）。

（2）通过各种选定操作，辅之以填充等命令，使之保留原始图像的椭圆形区域，椭圆形外围及中间的变形文字填充为白色。

①将背景层转换为普通层“图层 0”，参照效果图绘制一个椭圆形选区，选区反向，删掉选区内的背景（见图 3-32）。

②新建一个图层“图层 2”，置于图层调板的最底层，填充白色作为背景（见图 3-33）。

（3）在椭圆形的边界处制作一个渐变的边框，渐变色为预设渐变色 Orange Yellow Orange，将 Alpha 通道删除，使之成为一个仅有 R、G、B 三通道的 RGB 图像。

①载入“图层 0”的选区，执行“选择→修改→扩展…”命令（“扩展量”6px 左右）。新建一个图层“图层 3”，置于“图层 0”的下层。

②选区内填充“橙—黄—橙”的线性渐变，取消选区显示，效果如图 3-28 所示。

③转到通道调板，将“Alpha 1”通道删除（直接拖入垃圾桶），使之成为一个仅有 R、G、B 三通道的 RGB 图像。

图 3-30　载入“Alpha 1”的选区

图 3-31　选区内填充白色

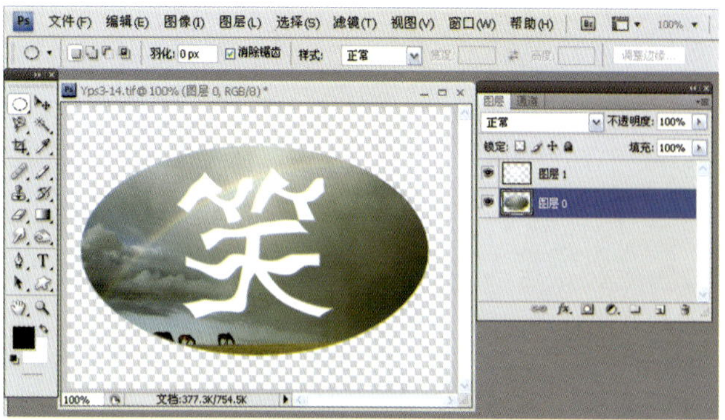

图 3-32　删掉选区内的背景

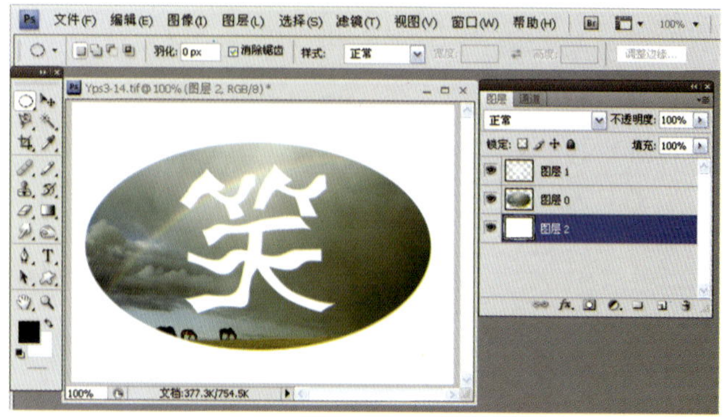

图 3-33　填充白色作为背景

项目四
图层运用

Photoshop
ZHONGJI
JINENG
SHIXUN JIAOCHENG

任务一

花朵效果

一、任务要求 ONE

通过图层与变换等操作的使用技巧，制作如图 4–1 所示的效果。

二、操作步骤 TWO

（1）调出文件 Yps4–03.tif，选中其中一枝花，并复制。

（2）新建一个文件，参数为 16 cm × 12 cm，72 像素 / 英寸，RGB 模式，黑色背景。粘贴图像，并另外复制 11 枝相同的花，经过处理，最后表现新的一组花的效果。

①按照要求新建文件，用“钢笔工具”勾勒出文件 Yps4–03.tif 中一枝花的路径，将路径转化为选区，拷贝选区内的图像至新建文档中成为“图层 1”。

②复制“图层 1”为“图层 1 副本”，对其中一个图层执行“自由变换”命令，变换框内的中心点放到花枝的根部（见图 4–2），然后在变换选项栏中输入旋转角度 30°（见图 4–3）。

图 4–1 花朵最终效果

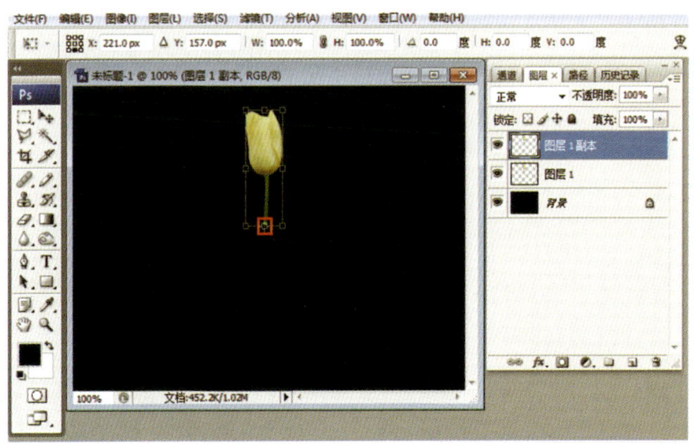

图 4–2 变换框内中心点放到花枝的根部

③双击确定旋转的变换效果后，继续重复上一次复制旋转的效果（Ctrl+Shift+Alt+T），如图 4–4 所示。

④将 12 枝花合并为一个图层“图层 1 副本 11”，复制该图层为“图层 1 副本 12”，执行“自由变换”命令，将其缩小为一个小的花环，放在相应的位置上（见图 4–5）。

⑤复制出其他 11 个位置上的花环（见图 4–6）。

图 4-3　旋转 30°

图 4-4　复制旋转的效果

图 4-5　执行“自由变换”命令

图 4-6　复制其他 11 个位置上的花环

⑥新建一个图层为“图层 1”，置于黑色背景层之上，绘制一个圆形选区，羽化选区（羽化“半径”6px 左右）并填充为白色，取消选区，显示效果如图 4-1 所示。

任务二

水中效果图

一、任务要求 ONE

通过层的运用，产生人物的下半身在水中的效果，最终效果如图 4-7 所示。

二、操作步骤 TWO

(1) 调出文件 Yps4-04.psd，使用“移动工具”将图层“Layer 1”的人物移至画面的右侧。

(2) 运用层的剪切、调整等技法产生人物的下半身在水中的效果，而上半身不变。

①选择背景层，使用“套索工具”绘制覆盖下半身水面的选区（见图 4-8），将选区内的图像原位置拷贝到自动新建的“图层 1”中（Ctrl+J），并将该图层置于图层调板的最顶层（见图 4-9）。

②使用“仿制图章工具”涂抹掉“图层 1”水中的手臂（见图 4-10）。

③设置“图层 1”的图层“不透明度”75%左右，使用“橡皮擦工具”（选择具有羽化边缘的画笔）擦涂出水面边缘的柔和效果（见图 4-11）。

图 4-7 水中的效果图

图 4-8 绘制选区

图 4-9 将图层置于图层调板的最顶层

图 4-10 涂抹掉水中的手臂

图 4-11 擦涂出水面边缘的柔和效果

任务三

制作人套在环圈之中的效果

一、任务要求 ONE

通过层的剪切创建，制作出人套在环圈之中的效果，最终效果如图 4-12 所示。

二、操作步骤 TWO

（1）调出文件 Yps4a-06.psd、Yps4b-06.tif。

（2）通过人物的层创建、环圈的剪切和创建新层等技法，制作出人物套在环圈之中的效果。

①将文件 Yps4a-06.psd 中的环圈图层“Layer 1”，直接拖入文件 Yps4b-06.tif 成为图层“Layer 1”，参照效果图，调整环圈在图像中的位置（见图 4-13）。

图 4-12　人套在环圈之中的效果

图 4-13　调整位置

②选择背景层（暂时隐藏图层“Layer 1”），使用“快速选择工具”，涂抹人物腰部的选区（见图 4-14）。

③显示环圈图层（见图 4-15），将选区内的图像原位置拷贝至自动新建的“图层 1”（Ctrl+J），调整图层顺序，将“图层 1”置于图层调板的最顶层（见图 4-16）。

④用同样的方法，制作出环圈在腿前的遮挡效果（见图 4–17）。

图 4–14 涂抹人物腰部选区

图 4–15 显示环圈图层

图 4–16 将“图层 1”置于图层调板的最顶层

图 4–17 环圈在腿前的遮挡效果

任务四

置换钟表的位置

一、任务要求 ONE

通过对层的操作，置换钟表的位置，最终效果如图 4–18 所示。

二、操作步骤 TWO

（1）调出文件 Yps4–09.psd。

（2）通过层的剪切、创建等操作技法，将放置在座钟前面的 4 只手表重新置位（2 前 2 后）。

①打开文件 Yps4–09.psd，暂时隐藏四只手表的图层“Layer 1”，使用“魔棒工具”选定背景层中的背景，再执行“选择→反向”命令，选区反向后得到座钟的选区，将选区内的图像原位置拷贝至自动新建的“图层 1”中（Ctrl+J）。将该图层置于最顶层，显示图层“Layer 1”（见图 4–19）。

②使用“多边形套索工具”确定并绘制出四只手表中需要显示在座钟前面的大致图像范围（见图 4–20）。

③选择“图层 1”，直接删除选区内的图像即可（见图 4–21）。

图 4–18　置换钟表位置最终效果图

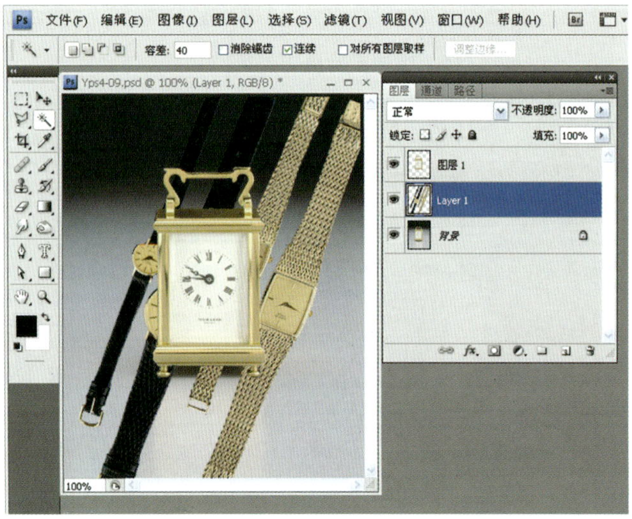

图 4–19　显示图层“Layer 1”

图 4–20　确定图像范围

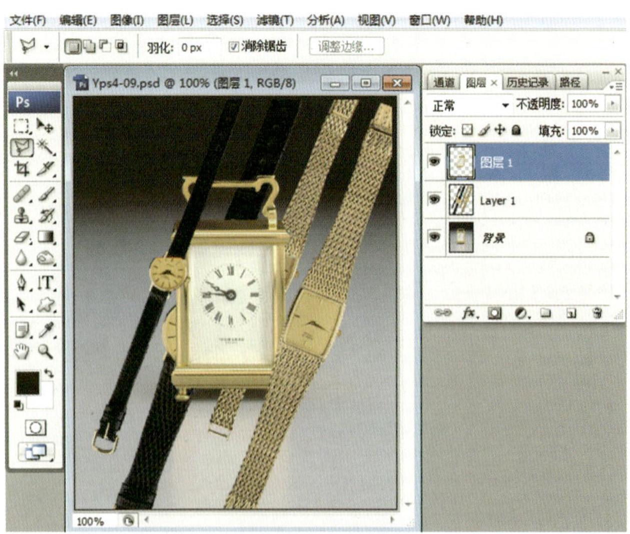

图 4–21　删除选区内的图像

任务五

制作火箭从裂开的地球中冲出的效果

一、任务要求 ONE

运用层的剪切、创建等技巧，制作出火箭从裂开的地球中冲出的效果，最终效果如图 4-22 所示。

二、操作步骤 TWO

(1) 调出文件 Yps4a-13.tif、Yps4b-13.tif。

(2) 通过层的运用，将一个圆形的地球制作成从中间裂开、火箭从裂缝中冲出的效果。

①将文件 Yps4a-13.tif 作为当前文档，把地球的图像拷贝至新的图层“图层 1”中，背景层填充为黑色（见图 4-23）。

②使用“磁性套索工具”圈定地球一侧的选区（见图 4-24），将选区内的图像剪贴到新的图层“图层 2”（见图 4-25）。现在地球的图像被分成左右两部分，且分别在两个单独的图层中。

③对“图层 1”和“图层 2”分别使用“自由变换”命令，将地球旋转一定角度做成裂开的效果（见图 4-26）。

图 4-22 火箭冲出的最终效果

④选定文件 Yps4b-13.tif 中火箭的图像选区（包含火焰的大致范围），如图 4-27 所示。将选区内的图像拷贝至文件 Yps4a-13.tif 成为“图层 3”，调整至最顶层。

图 4-23 背景填充为黑色

图 4-24 圈定地球一侧的选区

⑤选择“橡皮擦工具”，使用带羽化效果的画笔擦涂火焰边缘多余的图像，以产生较好的融合效果（见图 4–28）。

图 4–25　将选区内的图像剪贴到新的图层

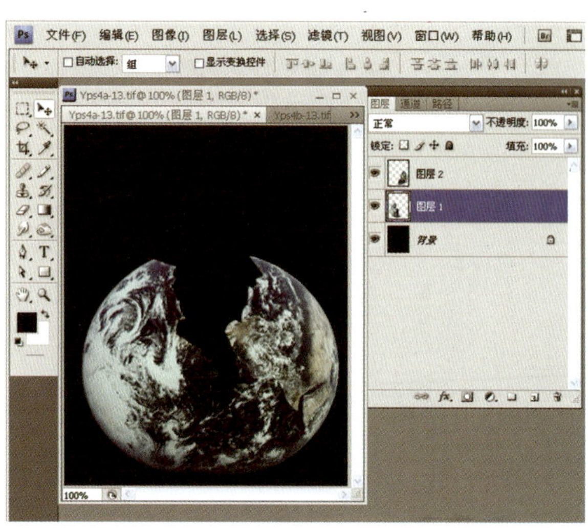

图 4–26　裂开的效果

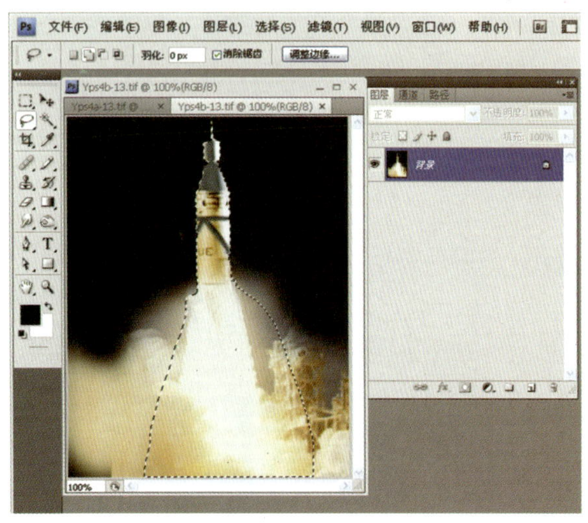

图 4–27　选定火箭的图像选区

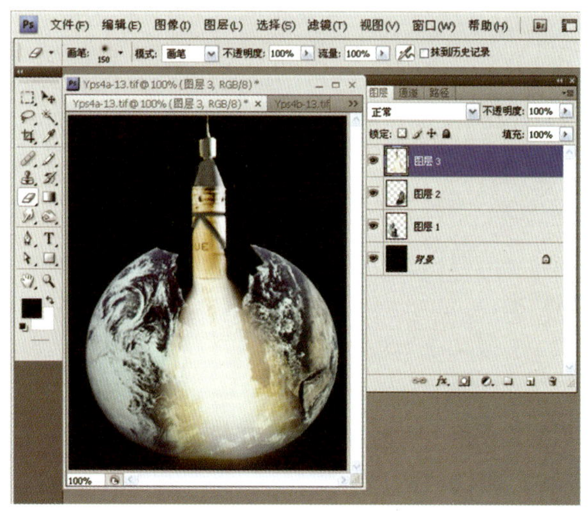

图 4–28　较好的融合效果

任务六

图片合成

一、任务要求 ONE

通过图层蒙版的运用，制作出三幅图片的合成效果，最终效果如图 4–29 所示。

二、操作步骤 TWO

（1）调出文件 Yps4a–18.tif、Yps4b–18.tif、Yps4c–18.tif。

（2）运用层的蒙版技巧，将三幅图片进行合成处理，确保图片之间不留下生硬的边界。

①将文件 Yps4a–18.tif、Yps4b–18.tif 的图像拖入文件 Yps4c–18.tif 成为“图层 1”和“图层 2”，参照效果图调整图像大小及位置（见图 4–30）。

②为“图层 1”添加图层蒙版，点选“图层 1”的蒙版缩览图，使用“画笔工具”（前景色为黑色，画笔“直径”200px 左右，画笔“硬度”0%），对需要遮挡的图像部分进行涂抹（见图 4–31）。

提示：涂抹蒙版时，可随时调整画笔的直径、硬度、笔尖形状，以及选项栏中的不透明度和流量数值。

③使用同样的方法，为“图层 2”添加图层蒙版，点选“图层 1”的蒙版缩览图，使用“画笔工具”（前景色为黑色，由于天坛的外轮廓需要保留较清晰的边缘，因此画笔“硬度”95%左右），沿着建筑轮廓耐心涂抹（见图 4–32）。遇到垂直的轮廓边缘时，可以选择“方头”画笔涂抹（见图 4–33），直至涂抹出整个建筑的轮廓（见图 4–34）。

图 4–29　图片合成最终效果

④再设置画笔数值：“直径”100px 左右，“硬度”0%。降低选项栏中“不透明度”与“流量”数值，涂抹出天坛左侧的半透明蒙版，从而使图像具有半透明效果（见图 4–35）。

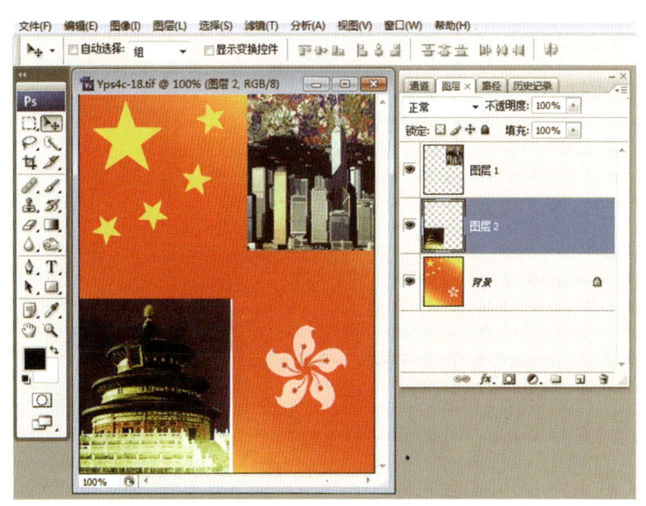

图 4–30　调整图像大小及位置

图 4–31　对需要遮挡的图像部分进行涂抹

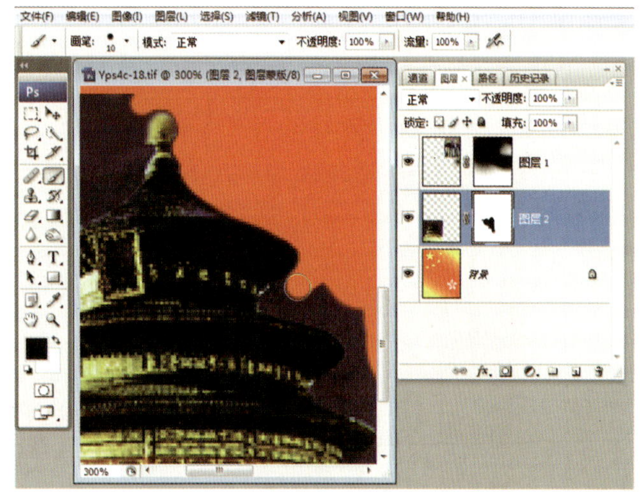

图 4-32　沿着建筑轮廓耐心涂抹

图 4-33　选择“方头”画笔涂抹垂直的轮廓边缘

图 4-34　涂抹出整个建筑轮廓

图 4-35　使天坛图像具有半透明效果

项目五
色彩修饰

Photoshop
ZHONGJI
JINENG
SHIXUN JIAOCHENG

任务一

花草色彩修饰

一、任务要求 ONE

通过调整使图像色彩更加鲜艳，最终效果如图 5–1 所示。

二、操作步骤 TWO

（1）调出文件 Yps5–02.tif。

（2）将叶子的色彩调得更鲜艳，并将白色的花朵调整为黄色的花朵。

①执行“选择→色彩范围”命令（见图 5–2），选定绿色叶子的选区范围（见图 5–3）。

②保持选区，执行“图像→调整→色相 / 饱和度…”（Ctrl+U）命令，对话框中增加图像的“饱和度”，使叶子的色彩更鲜艳（见图 5–4）。

③将白色的花朵调整为黄色花朵。取消选区，打开通道调板，素材中保存了花朵的通道“Alpha 1”（见图 5–5），可以将“Alpha 1”通道作为选区使用，载入“Alpha 1”的选区。

④对选区内的花朵调色。打开图层调板，执行“图像→调整→变化…”命令，选择“中间色调”添加“深黄色”（见图 5–6），多次点击“深黄色”直至选区内的花朵变为黄色（见图 5–7）。

图 5–1　花草色彩最终效果

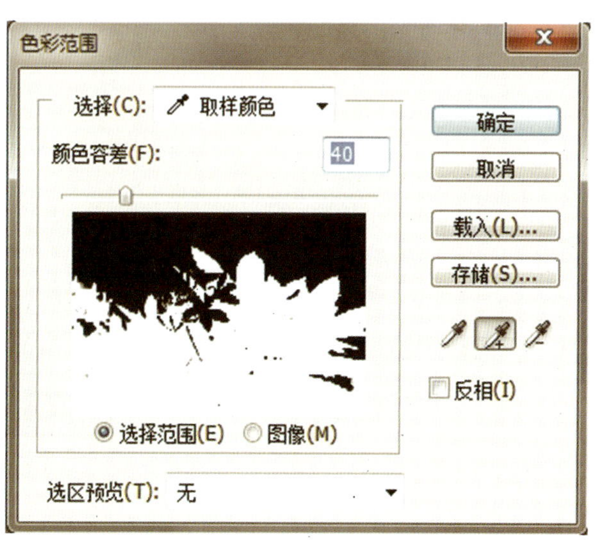

图 5–2　色彩范围

图 5–3 选定绿色叶子的选区范围

图 5–4 使叶子的色彩更鲜艳

图 5–5 花朵的通道“Alpha 1”

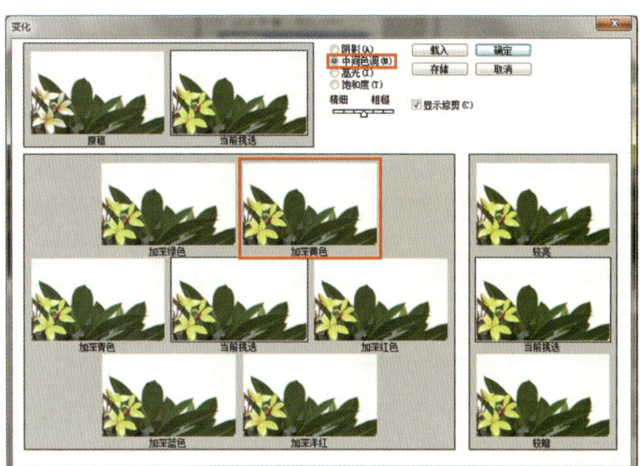

图 5–6 添加“深黄色”

图 5–7 调整花朵至黄色

任务二

调整花朵的颜色

一、任务要求 ONE

通过调整改变花的颜色，并制作出图像中间为彩色、四周为灰色的效果，最终效果如图 5-8 所示。

二、操作步骤 TWO

（1）调出文件 Yps5-03.tif。

（2）将图像的四周调整成灰度的效果。将图像的中间部分分为四份，右上部分调整为绿色，左下部分换成另一组颜色。

①创建新图层“图层 1”，分别使用“单行选框工具”、“单列选框工具”绘制出白色的水平线和垂直线（见图 5-9）。

图 5-8　花朵的颜色调整后的最终效果

图 5-9　绘制白色水平线和垂直线

②将图像的四周调整成灰度的效果。选择“背景层”，使用“椭圆选框工具”，以白线的交叉点作为圆心绘制一个圆形选区（见图 5-10）。

③执行“选择→反向”命令后，再执行“图像→调整→去色”（Ctrl+Shift+U）命令，使图像四周呈现灰度效果（见图 5-11）。

④描白色圆边。将选区再次反向为圆形的选区，新建图层“图层 2”，执行“编辑→描边…”命令（“宽度”1px，“颜色”白色，“位置”居外），如图 5-12 所示。

⑤保持圆形选区，使用“矩形选框工具”，按住“Alt”键，框选出半圆的选区（见图 5-13），得到另一半圆的

选区（见图 5-14），继续按住“Alt”键框选出二分之一选区，得到四分之一圆的选区（见图 5-15）。

⑥选择背景层，执行“图像→调整→色相 / 饱和度…”命令（“色相”-175 左右），将选区内的颜色调整为绿色（见图 5-16）。

⑦保持选区，执行“变换选区”命令，将选区变换框的中心点移至两条白线的交点，选区旋转 180° （见图 5-17），确定后得到对角四分之一圆的选区（见图 5-18）。选择背景层，执行“图像→调整→色相 / 饱和度”命令，将选区内的图像颜色换成效果图中的颜色（见图 5-19）。

图 5-10　绘制一个圆形选区

图 5-11　调整效果

图 5-12　描白色圆边

图 5-13　框选半圆的选区

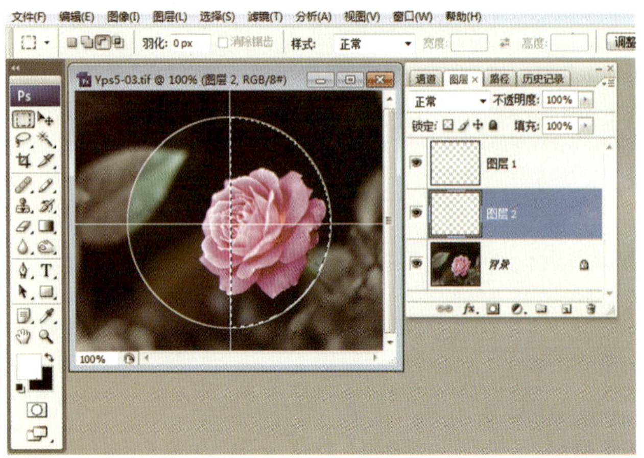

图 5-14　得到另一半圆的选区

图 5-15　四分之一圆的选区

图 5-16　将选区内的颜色调整为绿色

图 5-17　选区旋转 180°

图 5-18　得到对角四分之一圆的选区

图 5-19　换成效果图中的颜色

任务三

旧图片的效果

一、任务要求　ONE

通过调整将图像的色彩制作出类似于旧图片的效果，最终效果如图 5-20 所示。

图 5-20　旧图片效果图

二、操作步骤 TWO

（1）调出文件 Yps5-07.tif。

（2）将色彩调成旧图片的效果。

①降低图像的亮度与对比度。执行“图像→调整→亮度 / 对比度…”命令（“亮度值”-100，“对比度值”-16），确定后的效果如图 5-21 所示。

②调整图像的色彩倾向。执行“图像→调整→色彩平衡…”命令（见图 5-22），确定后的效果如图 5-23 所示。

图 5-21　确定后的效果图

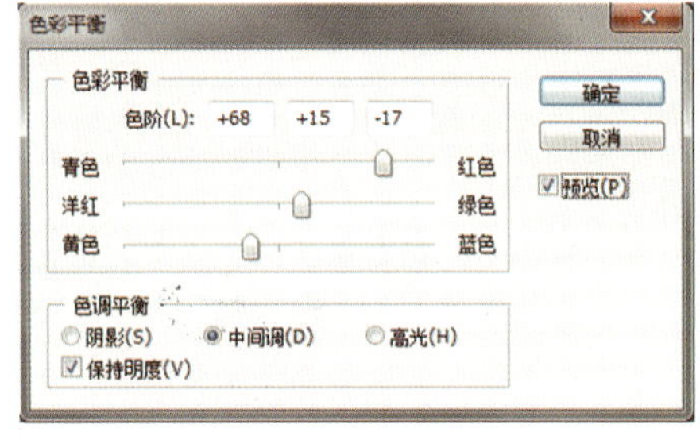

图 5-22　色彩平衡

图 5-23　调整图像的色彩倾向的效果图

③降低图像的色阶对比。执行“图像→调整→色阶…”命令（只调整“输出色阶”），如图 5-24 所示，确定后的效果如图 5-25 所示。

提示：调整“输出色阶”意味着将图像的明暗度整体调亮或调暗。

④执行“色彩平衡”命令（见图 5-26），将图像微调出偏红色的颜色倾向（见图 5-27）。

⑤调整色阶的暗部（见图 5-28），确定后的效果如图 5-29 所示。

⑥微调一次“色彩平衡”，增加图像的绿色倾向（见图 5-30），确定后的效果如图 5-31 所示。

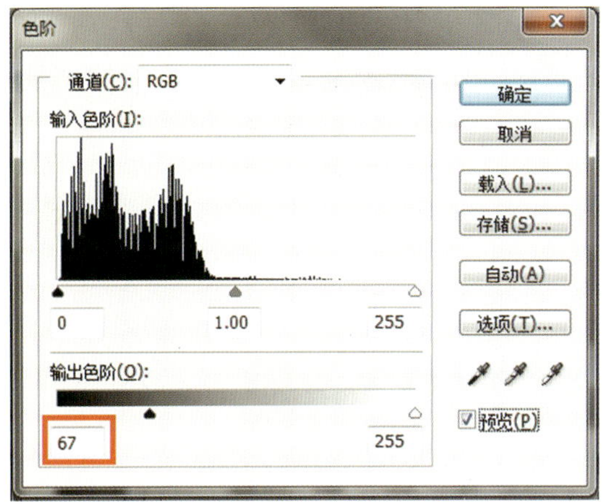

图 5-24 色阶

图 5-25 降低图像的色阶对比的效果图

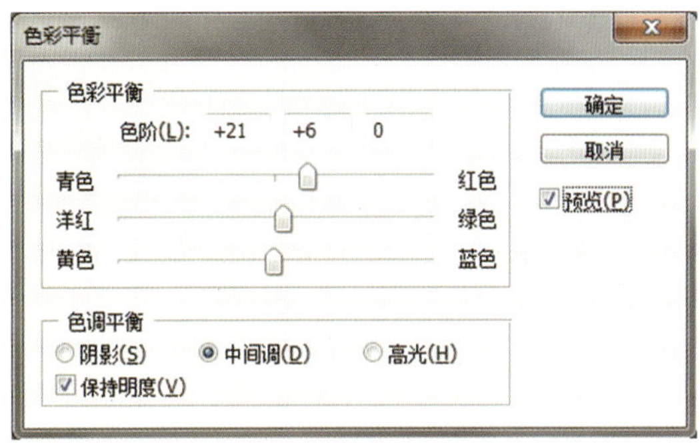

图 5-26 色彩平衡命令

图 5-27 将图像微调出偏红色的颜色倾向

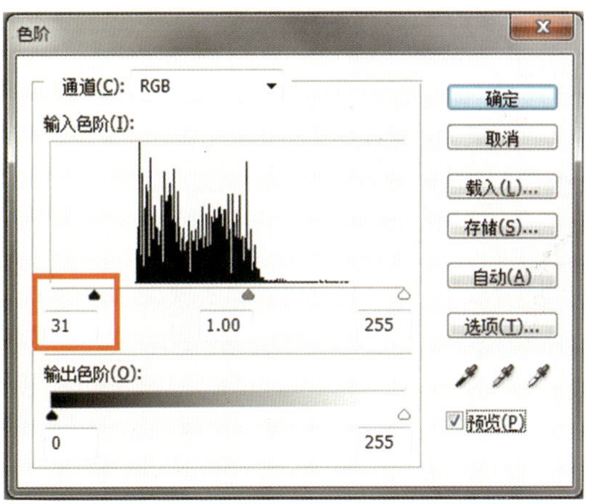

图 5-28 色阶

图 5-29 调整色阶的暗部的效果图

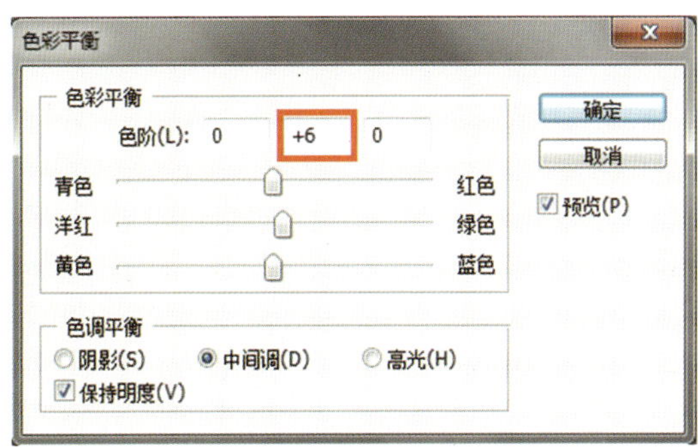

图 5-30 微调“色彩平衡”

图 5-31 增加图像的绿色倾向

任务四

制作两幅不同背景的图像

一、任务要求 ONE

通过图像的备份及调整，制作两幅不同背景的图像，最终效果如图 5-32 所示。

图 5-32 两幅不同背景的图像

二、操作步骤 TWO

(1) 调出文件 Yps5-11.tif。

(2) 对其中一幅图像进行背景灰度化调整。

①使用选定工具配合选择相似命令，选定蓝色的背景及桌面的选区（见图 5-33）。

②执行“图像→调整→去色”命令，将图像背景转为灰色（见图 5-34）。

提示：下一幅图像的制作，仍然需要当前图像的选区范围，所以不要关闭文档。

(3) 对另一备份图像背景进行换色。

①打开“历史记录”调板，返回背景去色之前的图像选定状态。

②执行“图像→调整→色相 / 饱和度”命令（见图 5-35），将选区内的背景调整为紫色效果（见图 5-36）。

图 5-33　选定蓝色的背景及桌面的选区

图 5-34　将背景转为灰色

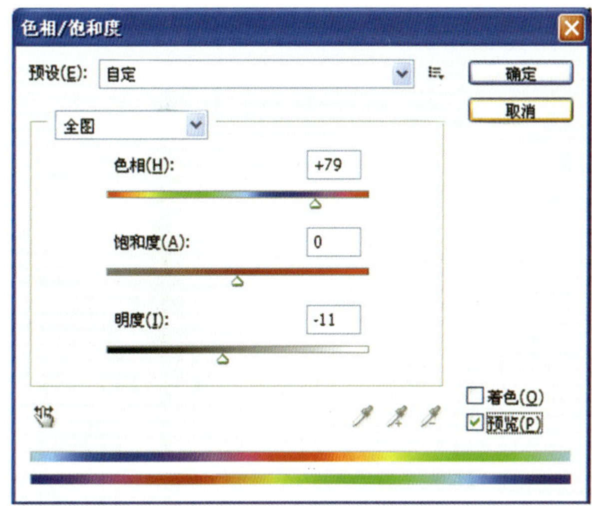

图 5-35　调整色相 / 饱和度

图 5-36　紫色背景效果

任务五

改变花的色相，调整亮度

一、任务要求　ONE

通过调整参数改变花的色相，并调整图像的亮度，最终效果如图 5-37 所示。

二、操作步骤 TWO

（1）调出文件 Yps5-13.tif。

（2）将紫色花朵调整为红色，并将整个图像的亮度降低。

①选定紫色花朵的选区（不包括花心），执行“图像→调整→色相 / 饱和度…”命令（选择编辑“洋红”），如图 5-38 所示，确定后效果如图 5-39 所示。

②将当前选区反向，得到叶子的选区范围。执行“图像→调整→色阶…”命令（见图 5-40），确定后效果如图 5-41 所示。

③执行“图像→调整→色相 / 饱和度…”命令（选择编辑“绿色”），如图 5-42 所示，确定后效果如图 5-43 所示。

④保持选区，放大图像，如果要使花朵边缘呈蓝色，则将选区反向为花朵的选区状态，执行“选择→修改→边界…”命令（“宽度”4px），选区内即为蓝色的边缘（见图 5-44）。执行“色阶”命令，加深暗部（见图 5-45），取消选区，最终效果如图 5-46 所示。

图 5-37　调整色相和亮度的最终效果

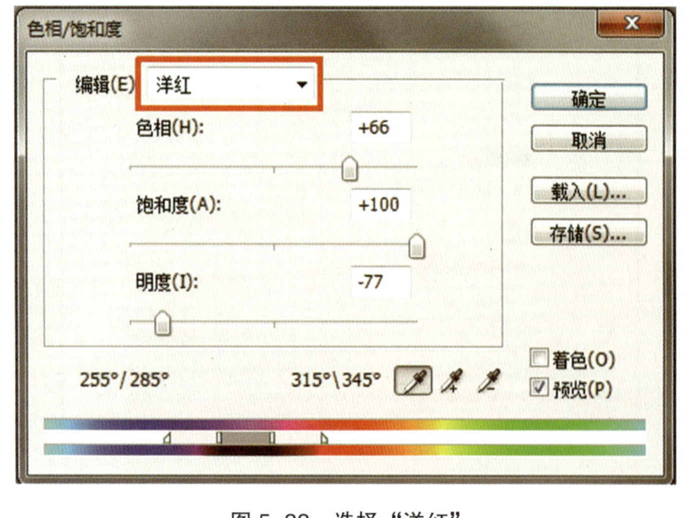

图 5-38　选择“洋红”

图 5-39　洋红效果图

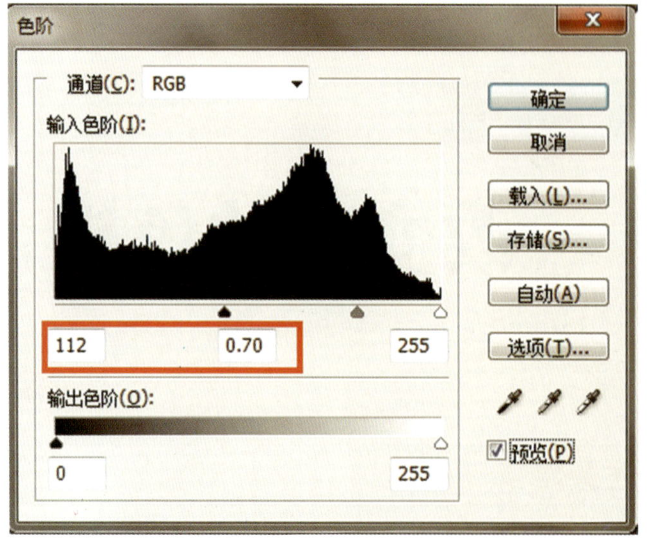

图 5-40　色阶

图 5-41 色阶调整后的效果

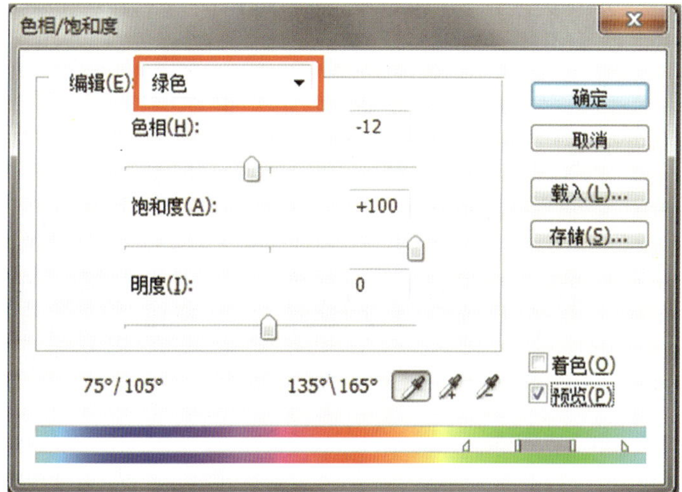

图 5-42 选择“绿色”

图 5-43 绿色效果图

图 5-44 蓝色的边缘

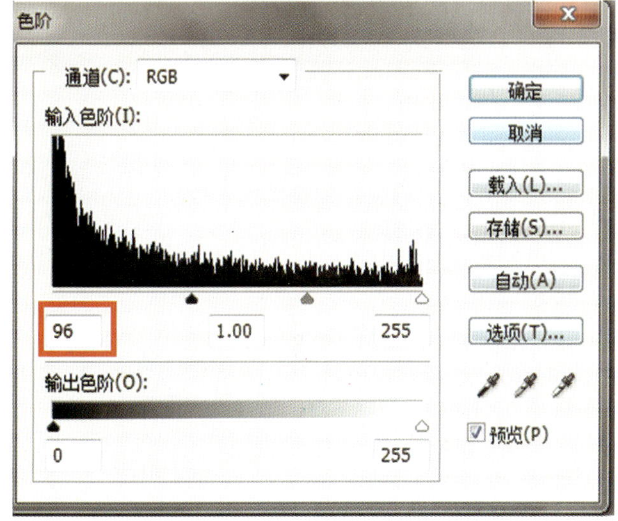

图 5-45 加深暗部

图 5-46 最终效果图

任务六

图像清晰、红色花蕊的花

一、任务要求 ONE

通过调整使图像更清晰，花蕊的颜色变成红色，最终效果如图 5-47 所示。

二、操作步骤 TWO

图 5-47　花朵最终效果图

（1）调出文件 Yps5-14.tif。

（2）将图像的亮度提高，并将黄色花蕊通过改变油墨百分比调整成红色花蕊。

①提高图像的亮度。执行“图像→调整→亮度 / 对比度…”命令（“亮度”+107，“对比度”+100），如图 5-48 所示。

②执行“图像→调整→色相 / 饱和度…”命令（选择编辑“黄色”），如图 5-49 所示，确定后效果如图 5-50 所示。

③执行“图像→模式→CMYK 颜色”命令，将文件转换为 CMYK 模式（见图 5-51）。

图 5-48　提高图像亮度

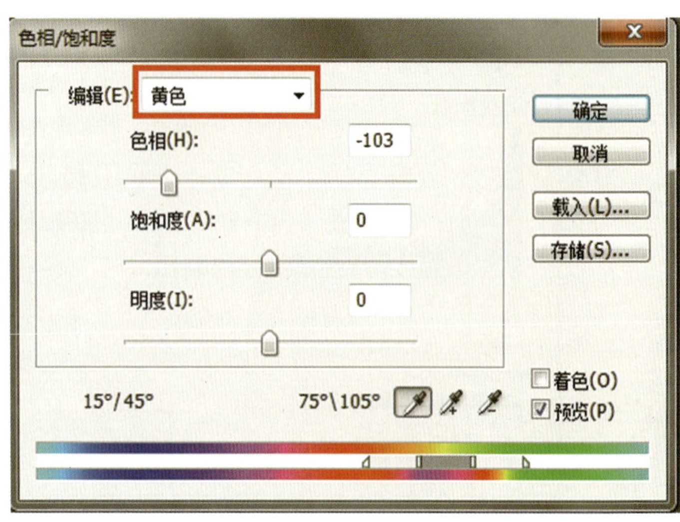

图 5-49　选择“黄色”

图 5-50　黄色效果图

图 5-51　转换模式

任务七

柔和的花朵

一、任务要求　ONE

通过色彩调整将颜色生硬、图像偏暗的原图像制作出亮度适中、颜色柔和的效果。最终效果如图 5-52 所示。

图5-52　柔和花朵的效果图

二、操作步骤　TWO

（1）调出文件 Yps5-16.tif。

（2）通过色彩调整将颜色生硬、图像偏暗的原图像制作出亮度适中、颜色柔和的效果。

①提高图像亮度反差。执行“图像→调整→亮度 / 对比度…”命令（“亮度”+150，“对比度”-50），效果如图 5-53 所示。

②执行“图像→调整→色相 / 饱和度…”命令，选择编辑“红色”，降低图像中红色的饱和度，同时调整色相（见图 5-54），确定后效果如图 5-55 所示。

图 5-53 提高亮度反差的效果图

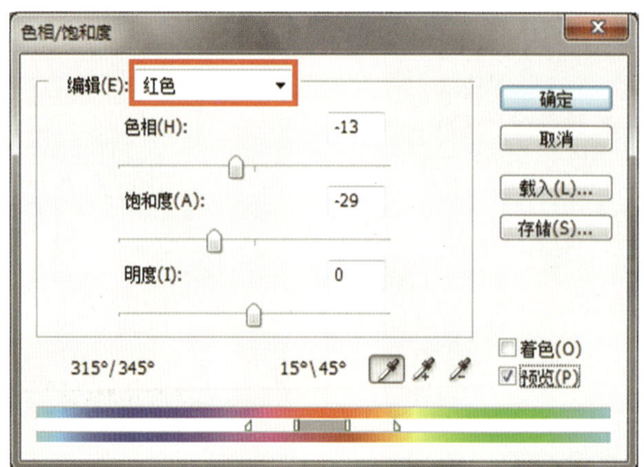

图 5-54 选择“红色”

图 5-55 红色效果图

③调整图像暗部色阶。执行“图像→调整→色阶…”命令（见图 5-56），确定后效果如图 5-57 所示。

④执行“图像→调整→色彩平衡”命令，依次调整“中间调”、“高光”范围的色彩平衡。

- “中间调”：取消勾选“保持明度”，其他设置参考图 5-58，效果如图 5-59 所示。
- “高光”：设置参考图 5-60，效果如图 5-61 所示。

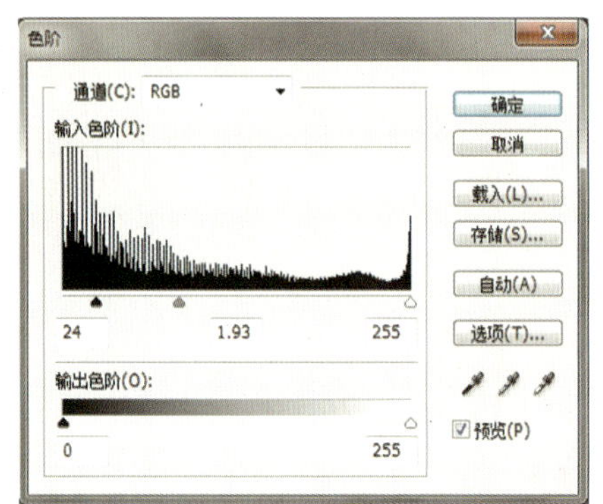

图 5-56 色阶调整

图 5-57 色阶调整后的效果图

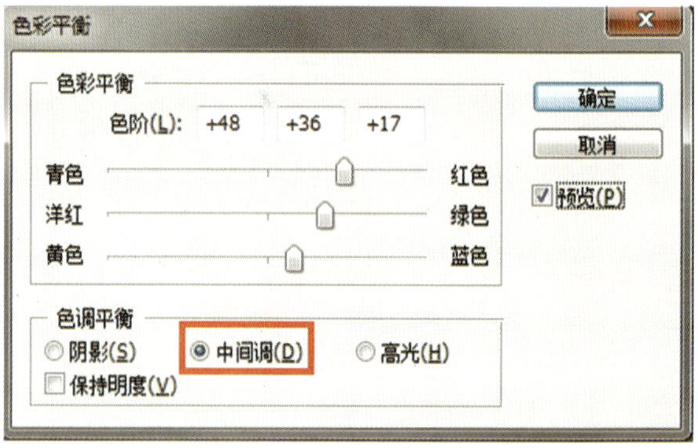

图 5-58 “中间调”设置

图 5-59 “中间调”设置后的效果图

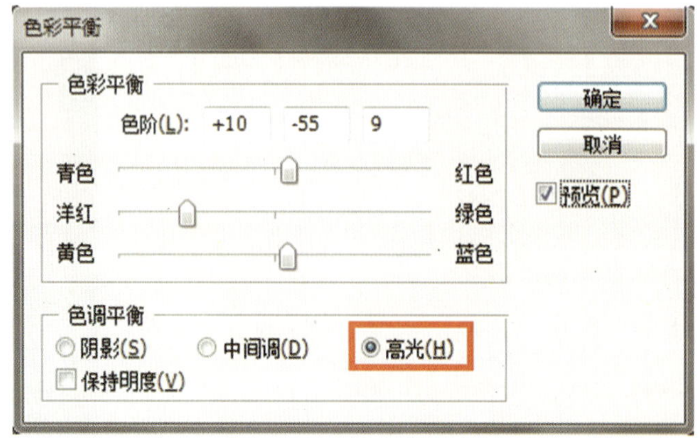

图 5-60 “高光”设置

图 5-61 高光设置效果图

任务八

制作两幅单色图像

一、任务要求 ONE

通过图像的备份、模式转换及色彩调整，制作两幅单色图像（要求模式不同），最终效果如图 5-62 所示。

图 5-62　两幅单色图像效果图

二、操作步骤 TWO

（1）调出文件 Yps5-17.tif。

（2）对其中一幅图像通过色彩调整表现单色效果，并以 CMYK 模式保存。

①执行“图像→调整→色相 / 饱和度…”命令（勾选“着色”选框，将图像调整为单色效果），效果如图 5-63 所示。

②执行“图像→模式→CMYK 颜色”命令，将文件转换为 CMYK 模式。

提示：下一幅图像的制作，仍然需要当前图像，所以不要关闭文档。

（3）对另一幅图像通过模式转换表现单色效果。

图 5-63　单色效果图

①打开“历史记录”调板，返回文档初始状态（F12）。

②执行“图像→模式→灰度”命令，弹出的对话框选择“扔掉”颜色信息，图像被转换为灰度模式（见图 5-64）。

提示：使用双色调模式前，必须先将图像转为灰度模式。灰度模式可以理解为一个图像模式转换过程中发挥过渡作用的色彩模式，通过这个模式，可以将图像转换为位图模式、双色调模式、索引模式。

③执行“图像→模式→双色调”命令，类型为“双色调”，点击“油墨 1”的颜色预览框，设置纯“红色”（R：255、G：0、B：0），“油墨 2”的颜色预览框，设置纯“黄色”（R：255、G：255、B：0），如图 5-65 所示，确定后的效果如图 5-66 所示。

图 5-64　灰度模式图像

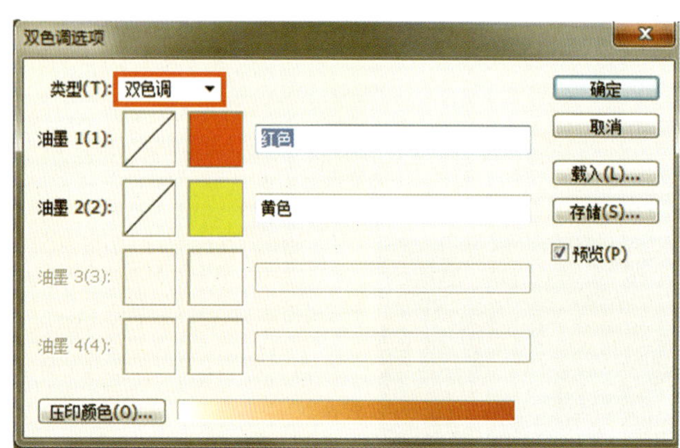

图 5-65　双色调选项

图 5-66　双色调选项设置确定后的效果图

任务九

将 RGB 模式的图像制作成位图和双色调模式的图像

一、任务要求 ONE

通过对图像的备份、模式转换，将一幅 RGB 模式的图像制作成位图和双色调模式的图像，最终效果如图 5-67 所示。

图 5-67 位图和双色调模式的图像

二、操作步骤 TWO

（1）调出文件 Yps5-19.tif。

（2）对一个文件进行模式转换，保存在 Xps5a-19.tif 文件夹中（diffusion dither 的位图模式）。

①执行“图像→模式→灰度”命令，弹出的对话框选择“扔掉”颜色信息，图像被转换为灰度模式（见图 5-68）。

②执行“图像→模式→位图”命令，使用“扩散仿色”（见图 5-69），效果如图 5-70 所示。

③制作完成后执行“文件→储存为”命令，将最终结果以 Xps5a-19 为文件名，用“TIFF”格式保存。

提示：不要关闭文档，打开历史记录调板，返回灰度模式的图像（见图 5-71）。

（3）将另一个文件保存在 Xps5b-19.psd 文件夹中（双色调模式，单色 M100%）。

在图像的灰度模式下，执行“图像→模式→双色调”命令，类型选择“单色调”，点击“油墨 1”的颜色预览框，设置单色 M100%（见图 5-72），确定后的效果如图 5-73 所示。执行“文件→储存为”命令，将最终图片以 Xps5b-19 为文件名（按“PSD”格式）保存。

图 5-68 灰度模式的图像

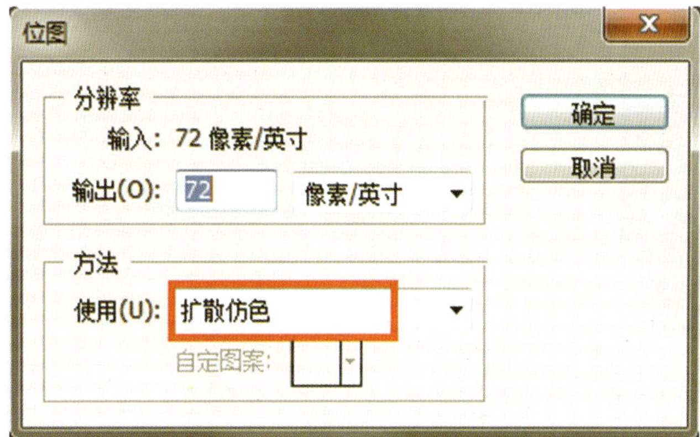

图 5-69 位图

图 5-70 “扩散仿色”效果图

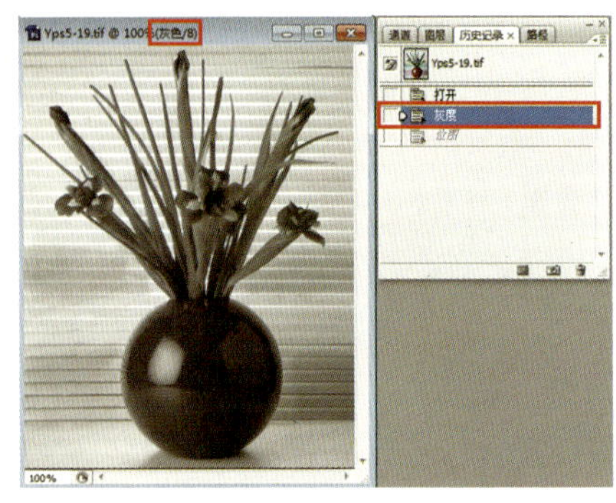

图 5-71　返回灰度模式的图像

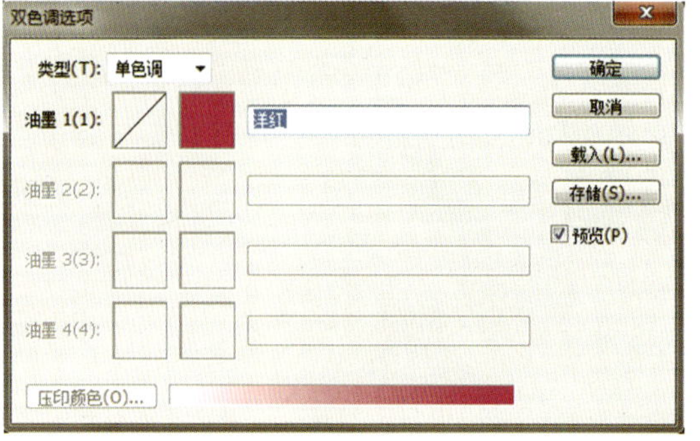

图 5-72　双色调选项

图 5-73　双色调模式下的效果图

任务十

改变图像整体颜色

一、任务要求　ONE

通过色彩调整及模式转换，改变图像的整体颜色，最终效果如图 5-74 所示。

图 5-74　改变图像的整体颜色的最终效果

二、操作步骤　TWO

（1）调出文件 Yps5-20.tif。

（2）执行“图像→图像旋转→ 90°（逆时针）”命令，端正图像。

（3）提高图像亮度。执行“图像→亮度→对比度”命令（“亮度”+127），效果如图 5-75 所示。

（4）执行“图像→调整→色彩平衡”命令，依次调整“阴影”、“中间调”范围的色彩平衡。

① “阴影”：数值设置参考图 5-76；

② 不要关闭对话框，接着选择“中间调”：数值设置参考图 5-77。

（5）执行“图像→模式→索引颜色”命令（弹出对话框中内容保持默认），将文件转换为索引彩色模式。

图 5–75　提高图像亮度的效果图

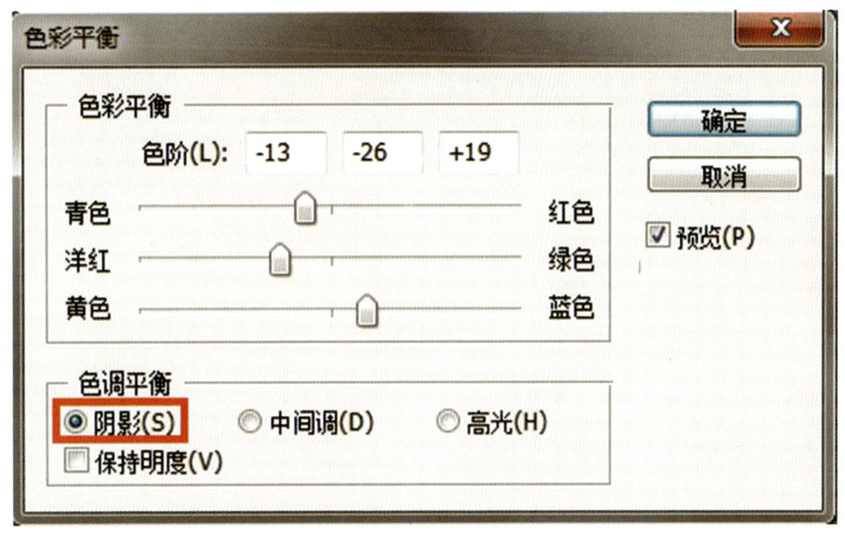

图 5–76　数值设置参考（阴影）

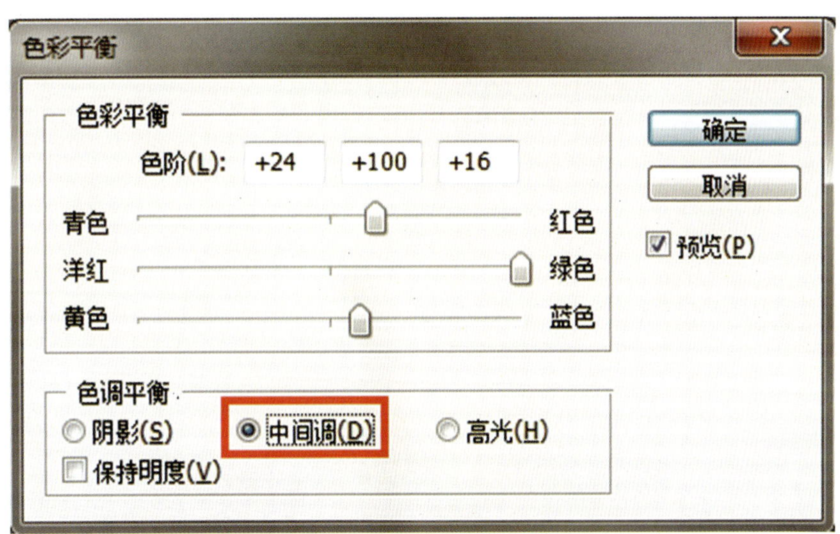

图 5–77　数值设置参考（中间调）

项目六
滤镜效果

Photoshop
ZHONGJI
JINENG
SHIXUN JIAOCHENG

任务一

特殊灯光效果及浮雕纹理效果

一、任务要求　ONE

通过对图像进行滤镜处理，产生特殊灯光效果及浮雕纹理效果，最终效果如图 6–1 所示。

（a）

（b）

（c）

图 6–1　特殊灯光效果及浮雕纹理效果

二、操作步骤　TWO

（1）调出文件 Yps6a–01.tif，表现落地灯的光线效果（白光、绿光）。

①打开文件 Yps6a–01.tif，执行“滤镜→渲染→镜头光照效果”命令（见图 6–2）。打开“镜头光照效果”滤镜，左侧预览图默认有一个白色的圆形光源。可以调整这个光源，移动光源的圆心即可调整光源的位置，按住光源周围的四个点进行拖动、旋转即可调整光线的照射范围和方向。对话框的右侧可以调整光源的强度、颜色等。需要添加光源时，将左侧预览图下方的小灯泡图标拖曳到预览图上，即增加一个光源照射。

②执行“图像→调整→色相 / 饱和度”命令，增加图像的饱和度（见图 6–3）。

（2）调出文件 Yps6b–01.tif，表现镜头光折射效果。

打开文件 Yps6b–01.tif，执行“滤镜→渲染→镜头光晕”命令，将光晕中心移至右上角，如图 6–4 所示。

（3）调出文件 Yps6a–01.tif，表现浮雕纹理效果。

①在文件 Yps6a–01.tif 中，先选定黑色背景，选区反向得到苹果和竹篮的选区。

②执行“图像→调整→去色”命令，选区内图像呈灰色，拷贝选区内的图像。

③打开文件 Yps6a–01.tif，创建新通道“Alpha 1”，将拷贝的图像粘贴至通道“Alpha 1”，如图 6–5 所示，旋转选区内的图像。

④激活 RGB 通道，打开图层调板，选择背景层，执行“滤镜→渲染→光照效果”命令，左侧预览图中调整好光源的角度，右侧“纹理通道”中选择“Alpha 1”（见图 6-6），效果如图 6-1 所示。

图 6-2　光照效果

图 6-3　增加图像的饱和度

图 6-4　镜头光晕

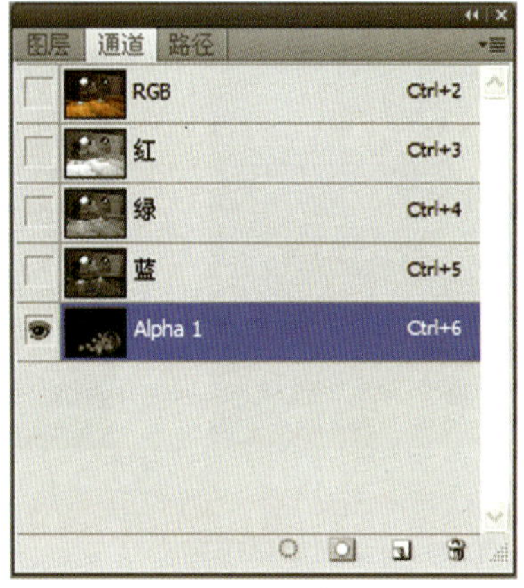

图 6-5　通道

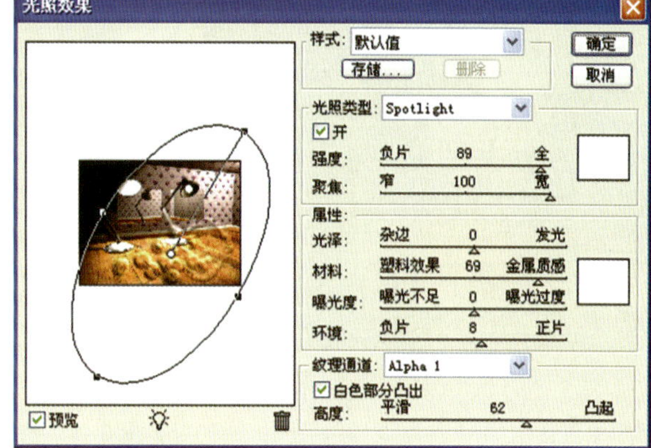

图 6-6　“纹理通道”中选择“Alpha 1”

任务二

特殊的石雕、素描、挂网效果

一、任务要求　ONE

通过对图像进行滤镜处理，产生特殊的石雕、素描、挂网效果，最终效果如图 6-7 所示。

(a)

(b)

(c)

图 6-7　特殊的石雕、素描、挂网效果

二、操作步骤　TWO

（1）调出文件 Yps6a-02.tif，对图像进行浮雕处理后再进行漫射处理（背景色为白色），产生一种石雕效果。

①打开文件 Yps6a-02.tif，前景色设置为白色，执行“滤镜→风格化→浮雕效果”命令（“角度”-60，“高度”16，“数量”100）。

②执行“滤镜→纹理→颗粒”命令（“强度”40，“对比度”50）。最终效果如图 6-7（a）所示。

（2）打开文件 Yps6a-02.tif，执行“滤镜→风格化→查找边缘”命令。最终效果如图 6-7（b）所示。

（3）恢复（F12）或重新打开文件 Yps6a-02.tif 的初始状态，背景色设置为白色，执行“滤镜→风格化→拼贴”命令（“拼贴数”10，“最大位移”10，“填充空白区域使用”背景色）。最终效果如图 6-7（c）所示。

任务三

各种运动的模糊效果

一、任务要求　ONE

通过对图像进行滤镜处理，产生各种运动的模糊效果，最终效果如图 6-8 所示。

二、操作步骤　TWO

（1）调出文件 Yps6a-03.psd，对图像进行模糊处理产生运动效果。

①打开文件 Yps6a-03.psd，复制图层“Layer 1 copy”为“Layer 1 copy 副本”，选择上面的图层“Layer 1

(a)

(b)

图 6-8　运动的模糊效果

copy 副本"，执行"滤镜→模糊→动感模糊"命令（"角度"50 度左右，"距离"409px 左右），效果如图 6-9 所示。

②选择下面的飞机图层"Layer 1 copy"，执行"滤镜→模糊→动感模糊"命令（"角度"50 度，"距离"6px 左右），如图 6-10 所示。

③选择图层"Layer 1 copy 副本"，使用"橡皮擦工具"，擦掉飞机前端多余的模糊效果，最终效果如图 6-11 所示。

（2）调出文件 Yps6b-03.psd，对图像进行模糊处理。

①打开文件 Yps6b-03.psd，选择背景层，执行"滤镜→模糊→径向模糊"命令，中心模糊点移至画面的左上方，如图 6-12 所示，效果如图 6-13 所示。

②选择图层"Layer 1"，调整箭头方向，执行"滤镜→模糊→动感模糊"命令（"角度"-79 度，"距离"9px），效果如图 6-8（b）所示。

图 6-9　"动感模糊"效果图

图 6-10　选择图层执行"动感模糊"命令

图 6-11　擦掉多余的模糊效果后的效果图

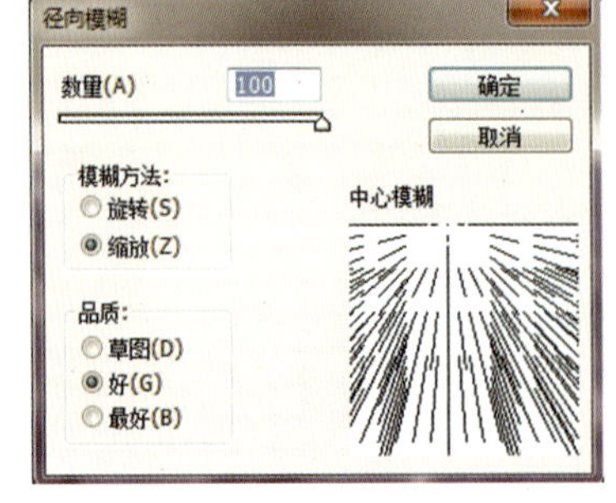

图 6-12　径向模糊

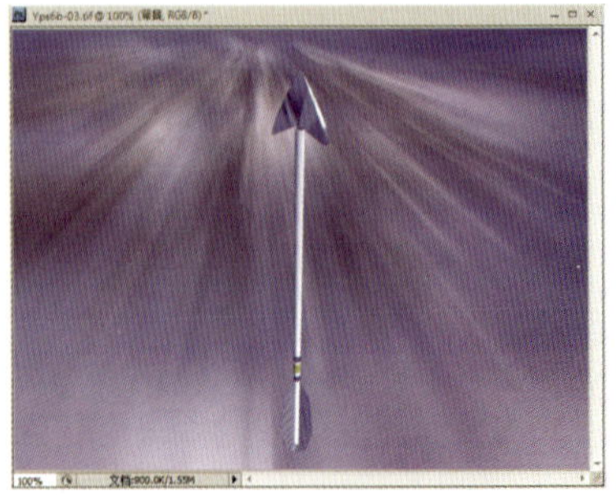
图 6-13　"径向模糊"效果图

任务四

各种变形效果

一、任务要求　ONE

通过对图像进行滤镜处理，产生各种变形效果，最终效果如图 6-14 所示。

(a)

(b)

(c)

图 6-14　各种变形效果

二、操作步骤　TWO

(1) 打开文件 Yps8b-20.tif，执行“滤镜→扭曲→极坐标”命令，选择“平面坐标到极坐标”。最终效果如图 6-14 (a) 所示。

(2) 打开文件 Yps7-05.tif，执行“滤镜→扭曲→旋转扭曲”命令，扭曲“角度”285° 左右，最终效果如图 6-14 (b) 所示。

(3) 恢复 (F12) 或重新打开文件 Yps7-05.tif 的初始状态，执行“滤镜→扭曲→波纹”命令 (“数量”999%，“大小”中)。最终效果如图 6-14 (c) 所示。

任务五

各种波纹效果

一、任务要求 ONE

通过对图像进行滤镜处理，产生各种波纹效果，最终效果如图 6-15 所示。

(a)

(b)

(c)

图 6-15　各种波纹效果

二、操作步骤 TWO

（1）打开文件 Yps7-05.tif，执行“滤镜→扭曲→波浪——正弦（I）”命令，对话框数值设置参考图 6-16。

（2）恢复（F12）或重新打开文件 Yps7-05.tif 的初始状态，执行“滤镜→扭曲→波浪——三角形（T）”命令，对话框数值设置参考图 6-17。

（3）恢复（F12）或重新打开文件 Yps7-05.tif 的初始状态，执行“滤镜→扭曲→波浪——方形（O）”命令，对话框数值设置参考图 6-18。

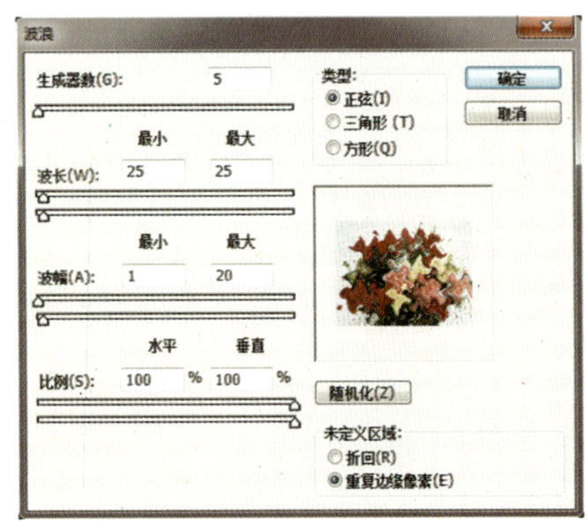

图 6-16　“波浪”数值设置（正弦）

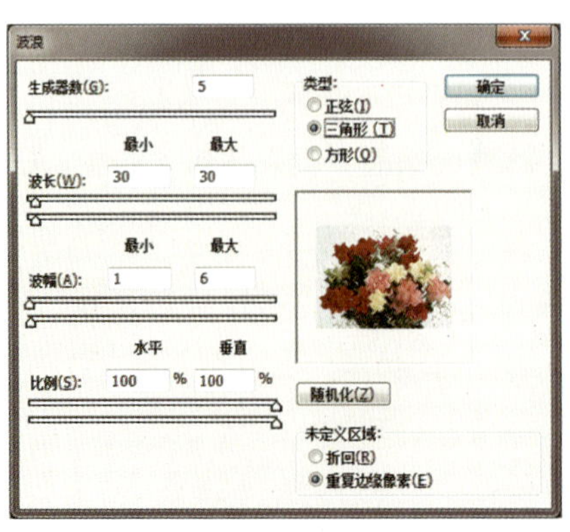

图 6-17　“波浪”数值设置（三角形）

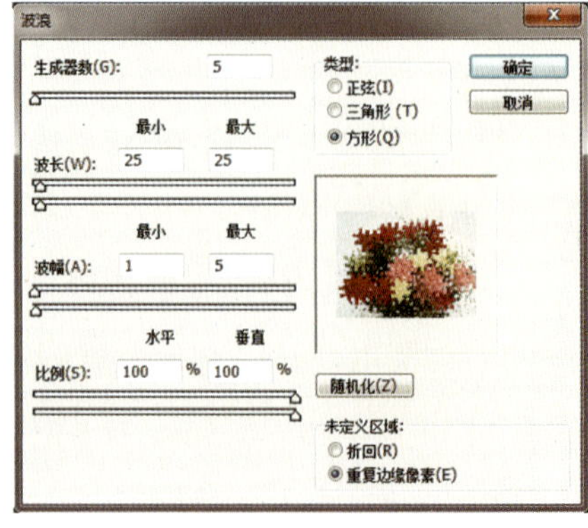

图 6-18　“波浪”数值设置（方形）

任务六

扭曲、挤压、球体化效果

一、任务要求 ONE

通过对图像进行滤镜处理，产生扭曲、挤压、球体化效果，最终效果如图 6–19 所示。

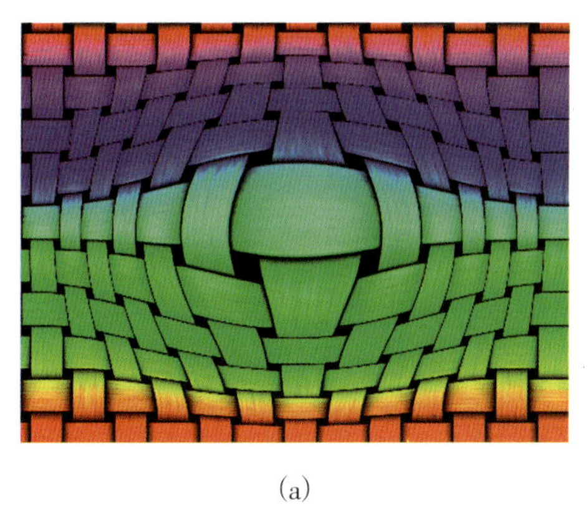

(a)

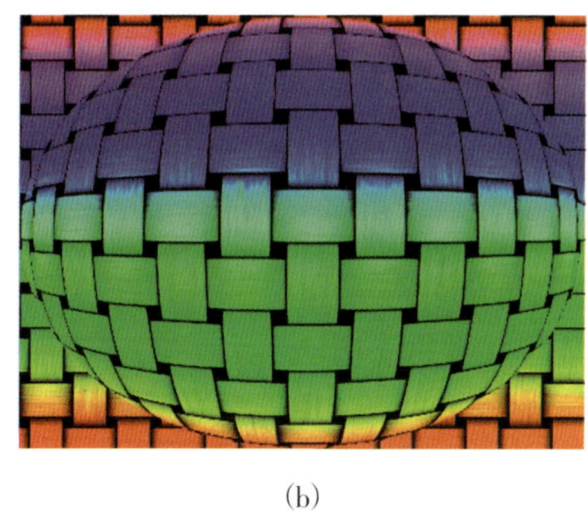

(b)

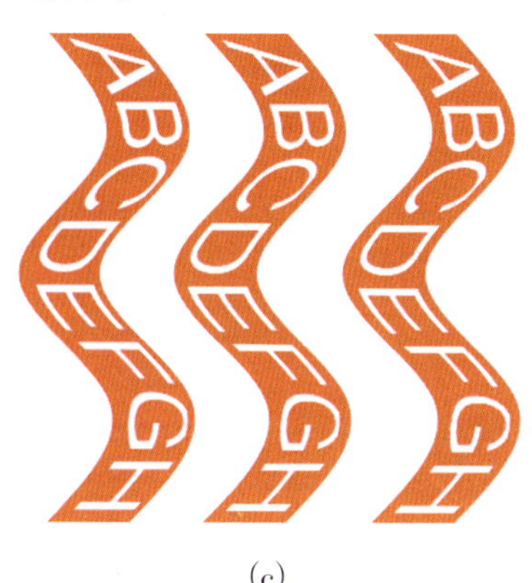

(c)

图 6–19 扭曲、挤压、球体化效果

二、操作步骤 TWO

（1）打开文件 Yps6a–06.tif，执行“滤镜→扭曲→挤压”命令（“数量”–100%）。最终效果如图 6–19（a）所示。

（2）恢复（F12）或重新打开文件 Yps6a–06.tif 的初始状态，执行“滤镜→扭曲→球面化”命令（“数量”100%，“模式”正常）。最终效果如图 6–19（b）所示。

（3）打开文件 Yps6c–06.tif，执行“滤镜→扭曲→切变”命令，在切变直线上单击增添节点，将切变线调整为曲线，如图 6–20 所示，效果如图 6–19（c）所示。

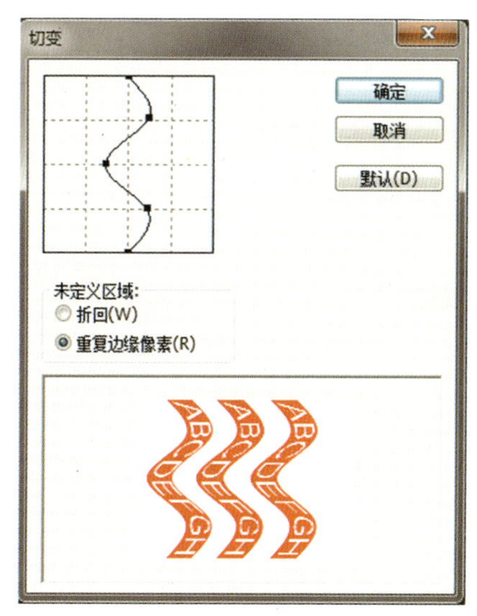

图 6–20 将切变线调整为曲线

任务七

水涟漪效果、风的效果和玻璃质地效果

一、任务要求 ONE

通过对图像进行滤镜处理，产生水涟漪效果、风的效果和玻璃质地效果，最终效果如图 6-21 所示。

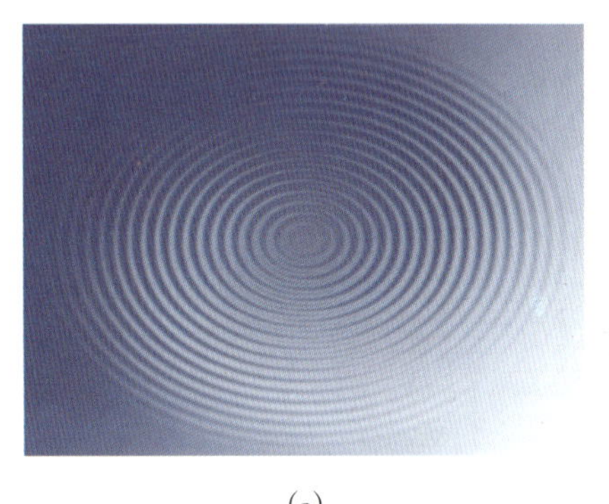

(a)

(b)

(c)

图 6-21　水涟漪效果、风的效果和玻璃质地效果

二、操作步骤 TWO

(1) 打开文件 Yps6a-07.tif，执行“滤镜→扭曲→水波”命令（“数量”100，“起伏”20，“样式”围绕中心)。最终效果如图 6-21 (a) 所示。

(2) 打开文件 Yps7-05.tif，执行“滤镜→风格化→风”命令（“方法”风，“方向”从左)，重复两次该滤镜效果 (Ctrl+F)。最终效果如图 6-21 (b) 所示。

(3) 恢复 (F12) 或重新打开文件 Yps7-05.tif 的初始状态，执行“滤镜→扭曲→海洋波纹”命令（“波纹大小”15 左右，“波纹幅度”8 左右)。最终效果如图 6-21 (c) 所示。

任务八

晶格化、圆点分块和彩色半调效果

一、任务要求 ONE

通过对图像进行滤镜处理，使图像产生晶格化、圆点分块和彩色半调效果，最终效果如图 6-22 所示。

(a)

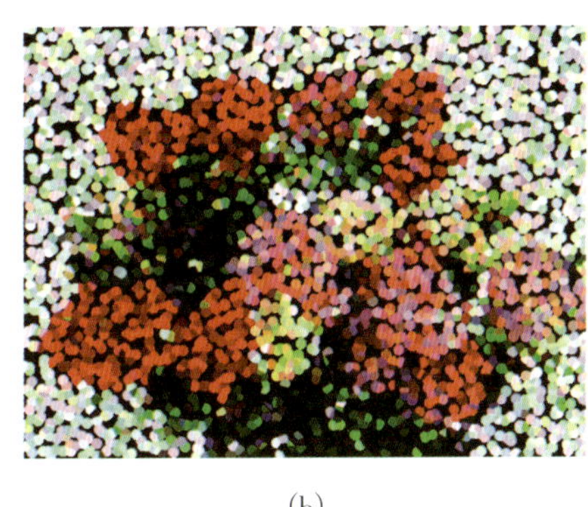

(b)

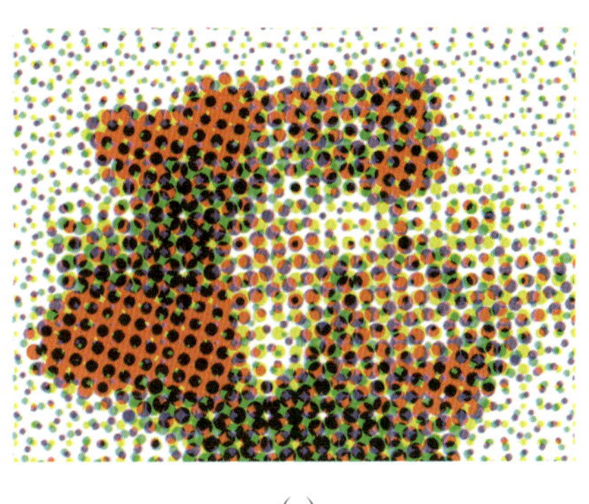

(c)

图 6-22 晶格化、圆点分块和彩色半调效果

二、操作步骤 TWO

(1) 打开文件 Yps7-05.tif，执行“滤镜→像素化→晶格化”命令（“单元格大小”9）。最终效果如图 6-22（a）所示。

(2) 恢复（F12）或重新打开文件 Yps7-05.tif 的初始状态，背景色设置为黑色，执行“滤镜→像素化→点状化”命令（“绘制单元格大小”10）。最终效果如图 6-22（b）所示。

(3) 恢复（F12）或重新打开文件 Yps7-05.tif 的初始状态，执行“滤镜→像素化→彩色半调”命令，所有参数按默认值（“最大半径”8 像素）。最终效果如图 6-22（c）所示。

任务九

立体块状化、勾勒边界效果

一、任务要求 ONE

通过对图像进行滤镜处理，产生立体块状化、勾勒边界效果，最终效果如图 6-23 所示。

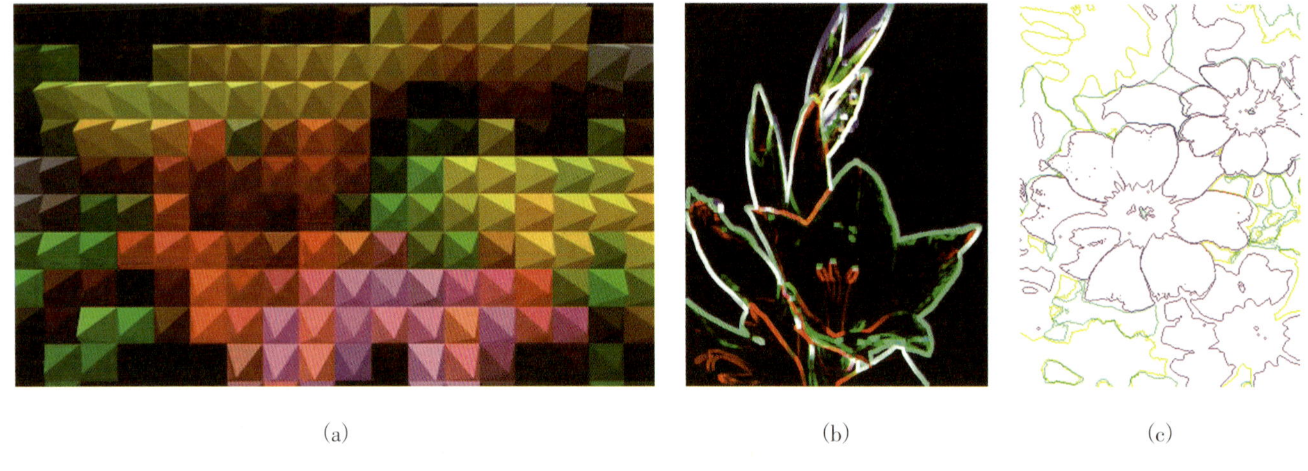

(a) (b) (c)

图 6-23 立体块状化、勾勒边界效果

二、操作步骤 TWO

（1）打开文件 Yps6a-10.tif，执行“滤镜→风格化→凸出”命令（“类型”金字塔，“大小”30 像素，“深度”30，随机）。最终效果如图 6-23（a）所示。

（2）恢复或重新打开文件 Yps6a-10.tif 的初始状态，执行“滤镜→风格化→照亮边缘”命令（“边缘宽度”3，“边缘亮度”6，“平滑度”5）。最终效果如图 6-23（b）所示。

（3）打开文件 Yps6c-10.tif，执行“滤镜→风格化→等高线”命令（“色阶”128，“边缘”较高）。最终效果如图 6-23（c）所示。

任务十

塑包、压印、网线阴影效果

一、任务要求 ONE

通过对图像进行滤镜处理，产生塑包、压印、网线阴影效果，最终效果如图 6-24 所示。

(a)

(b)

(c)

图 6-24 塑包、压印、网线阴影效果

二、操作步骤 TWO

（1）打开文件 Yps6a-14.tif，执行“滤镜→艺术效果→塑料包装…”命令（“高光强度”19，“细节”9，“平滑度”13）。最终效果见图 6-24（a）所示。

（2）将前景色、背景色分别设置为纯红（R:255，G:0，B:0）与白色，执行“滤镜→素描→便条纸”命令（“图像平衡”25，“粒度”19，“凸现”12）。最终效果见图 6-24（b）所示。

（3）打开文件 Yps6c-14.tif，执行“滤镜→画笔描边→阴影线”命令（“线条长度”35，“清晰度”8，“强度”2）。最终效果见图 6-24（c）所示。

任务十一

砖墙、辐射模糊、水波浪效果

一、任务要求 ONE

通过对图像进行滤镜处理，产生砖墙、辐射模糊、水波浪效果，最终效果如图 6-25 所示。

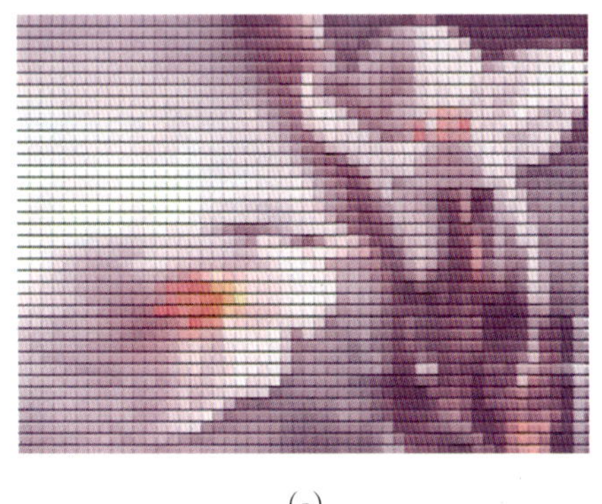

(a)

(b)

(c)

图 6-25 砖墙、辐射模糊、水波浪效果

二、操作步骤 TWO

(1) 调出文件 Yps6a-20.tif，对图像进行质地处理，产生砖墙效果。

执行“滤镜→纹理→拼缀图…”命令（“方形大小”4，“凸现”10)。最终效果如图 6-25（a）所示。

(2) 调出文件 Yps6b-20.tif，对图像进行辐射模糊处理，产生老鹰快速飞扑过来的效果。

打开文件 Yps6b-20.tif，选定鹰的头部和爪子的大致选区范围，羽化选区（羽化“半径”5px 左右)，如图 6-26 所示，选区反向得到鹰头和爪子以外需要进行径向模糊的图像选区。执行“滤镜→模糊→径向模糊…”命令（见图 6-27)，取消选区，效果如图 6-25（b）所示。

(3) 调出文件 Yps6c-20.tif，对图像的下部分进行水波浪处理。

①选定图像下半部分的选区，羽化选区（羽化“半径”10px 左右)，如图 6-28 所示。

②执行“滤镜→扭曲→波浪…”命令（“类型”正弦)，数值设置参考图 6-29，取消选区，效果如图 6-25（c）所示。

图 6-26　选定范围并羽化选区

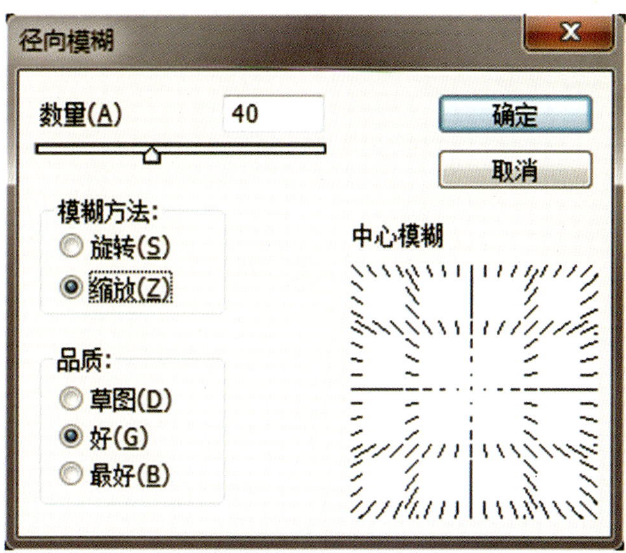

图 6-27　径向模糊

图 6-28　下半部分羽化选区

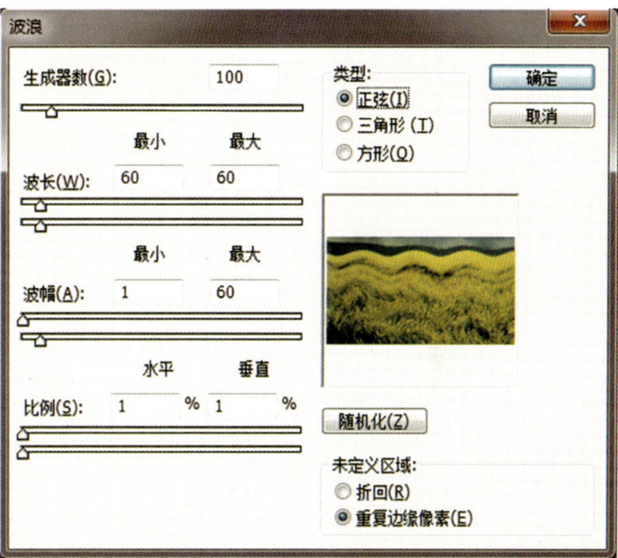

图 6-29　波浪

项目七
文字效果

Photoshop
ZHONGJI
JINENG
SHIXUN JIAOCHENG

任务一

制作灯管字

一、任务要求　ONE

建一个新文件，参数为 16 cm × 12 cm，72 像素 / 英寸，RGB 模式。将文字制成灯管字效果，如图 7-1 所示。

二、操作步骤　TWO

（1）建一个新文件，参数为 16 cm × 12cm，72 像素 / 英寸，RGB 模式。

（2）植入文字“欢迎”，文字字体任选，文字大小为 160 像素。

（3）打开新建文档的通道调板，创建一个新通道“Alpha 1”，该通道以黑色显示。

（4）使用“文字横排蒙版工具”按要求输入文字“欢迎”，将文字选区内填充白色。取消选区，复制通道“Alpha 1”为“Alpha 1 副本”。

（5）选择“Alpha 1 副本”，执行“滤镜→模糊→高斯模糊…”（“半径”2px 左右）。

（6）执行“图像→计算…”命令（见图 7-2），得到新通道“Alpha 2”（用通道“Alpha 1”与“Alpha 1 副本”进行差值混合模式计算，生成新的通道）。

（7）对通道“Alpha 2”执行“图像→调整→反相”命令。全部选中“Alpha 2”（Ctrl+A），进行“拷贝”（Ctrl+C），激活 RGB 通道，取消选区。打开图层调板，将上一步拷贝的通道内容粘贴（Ctrl+V）到图层中成为“图层 1”。

（8）新建一个图层“图层 2”（置于最顶层），填充“色谱”的线性渐变（见图 7-3）。

（9）设置“图层 2”的图层混合模式为“颜色”，最终效果如图 7-1 所示。

图 7-1　灯管字

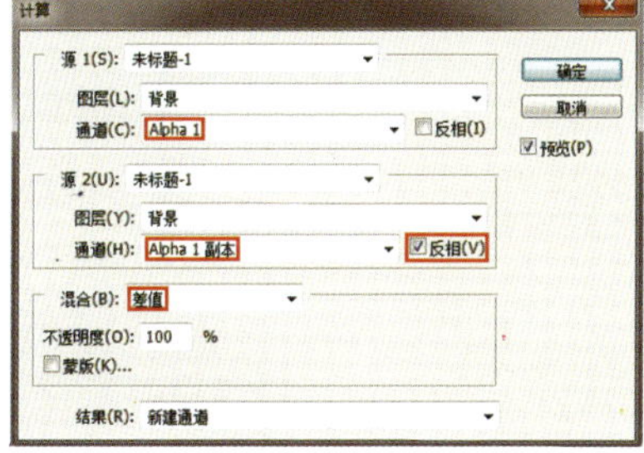

图 7-2　计算

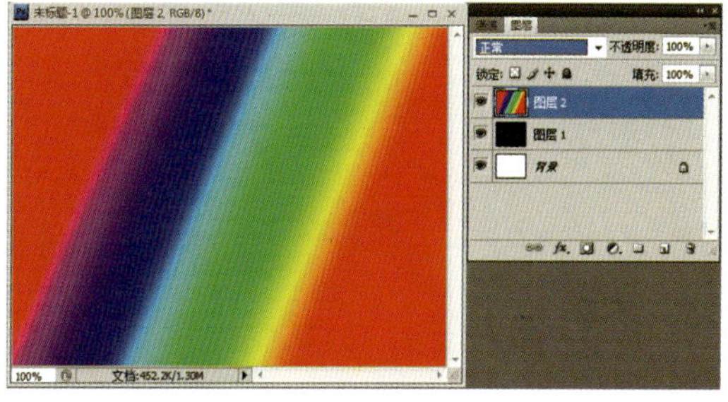

图 7-3　线性渐变

任务二

制作牙膏字

一、任务要求 ONE

建一个新文件，参数为 16 cm × 12 cm，72 像素 / 英寸，RGB 模式。将手绘文字“yes”制成牙膏字效果，如图 7-4 所示。

二、操作步骤 TWO

(1) 建一个新文件，参数为 16 cm × 12 cm，72 像素 / 英寸，RGB 模式。

(2) 绘制一个正圆形选区，使用“角度渐变”模式，在选区内填充“光谱”渐变效果（见图 7-5）。

(3) 取消选区，选择“涂抹工具”（画笔“直径”略小于当前正圆的直径，画笔“硬度”100%，“间距”1%），将设置好的涂抹工具光标放在圆形上，按住鼠标拖动出“yes”字样，最终效果如图 7-4 所示。

图 7-4　牙膏字

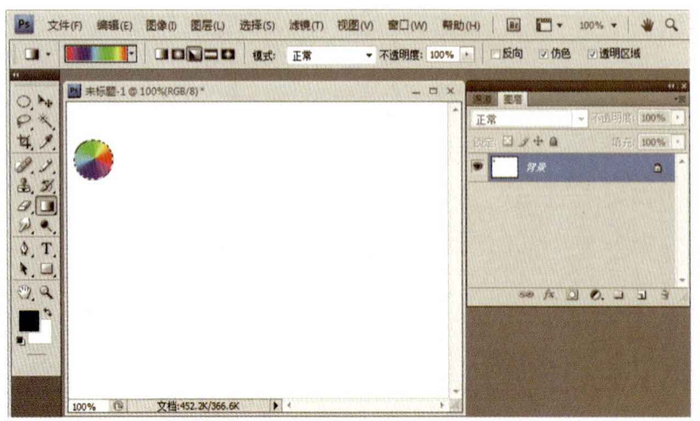

图 7-5　“光谱”渐变效果

任务三

制作玻璃字

一、任务要求 ONE

建一个新文件，参数为 16 cm × 12 cm，72 像素 / 英寸，RGB 模式。植入文字“玻璃”，将其制作成透明字效果，如图 7–6 所示。

二、操作步骤 TWO

(1) 建一个新文件，参数为 16 cm × 12 cm，72 像素 / 英寸，RGB 模式。

(2) 使用“横排文字工具”输入文字“玻璃”。合并“玻璃”文字图层和背景层。

(3) 执行“滤镜→模糊→动感模糊”命令（“角度”45，“距离”40），如图 7–7 所示。

(4) 执行“滤镜→风格化→查找边缘”命令（见图 7–8）。

(5) 执行“图像→调整→反相”命令（见图 7–9）。

(6) 新建一个图层“图层 1”，使用“线性渐变”模式，填充“光谱”渐变效果（见图 7–10）。

(7) 将“图层 1”的图层混合模式设置为“颜色”，效果如图 7–6 所示。

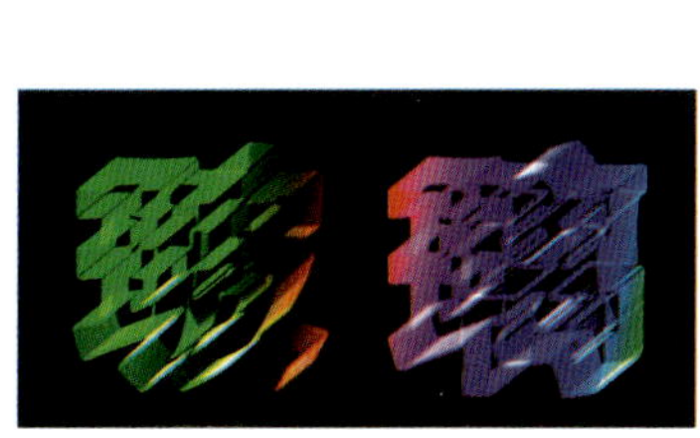

图 7–6 玻璃字

图 7–7 动感模糊

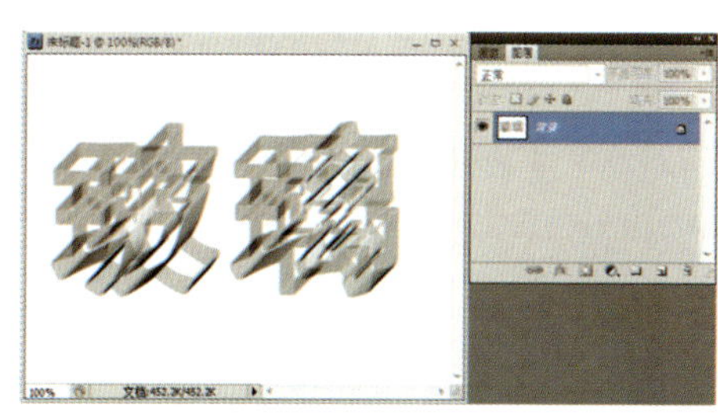

图 7–8 查找边缘

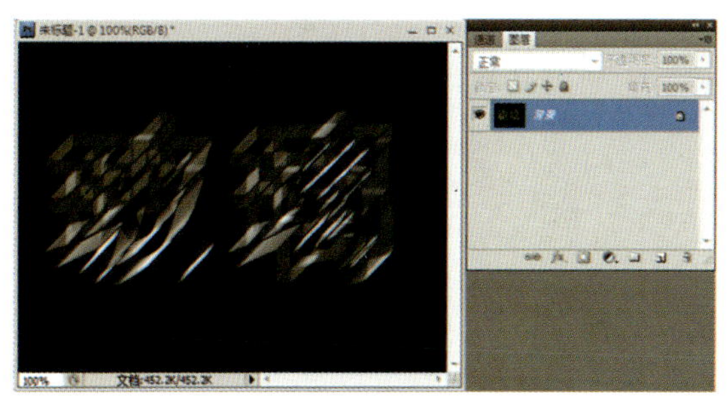

图 7–9 反相

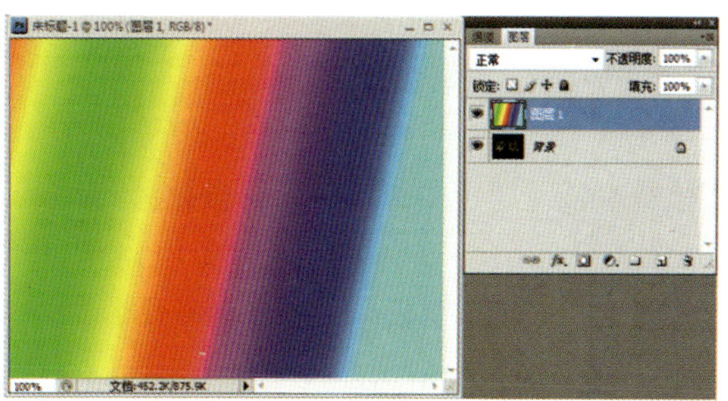

图 7–10 “光谱”渐变效果

任务四

制作金属字

一、任务要求 ONE

建一个新文件，参数为 16 cm × 12 cm，72 像素 / 英寸，RGB 模式。植入文字“金属”，将其制作成金属字效果，如图 7-11 所示。

二、操作步骤 TWO

（1）建一个新文件，参数为 16 cm × 12 cm，72 像素 / 英寸，RGB 模式。

（2）将背景层填充为绿色。植入文字“金属”。

（3）调出“金属”文字的选区，打开通道调板，创建新通道“Alpha 1”。由于“金属”文字的选区笔画比较细，所以先执行“选择→修改→扩展…”命令（“扩展量”2px），选区内填充白色，取消选区显示，效果如图 7-12 所示。

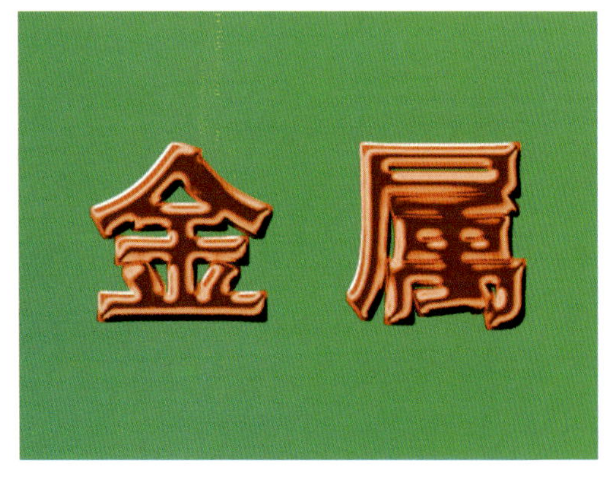

图 7-11　金属字

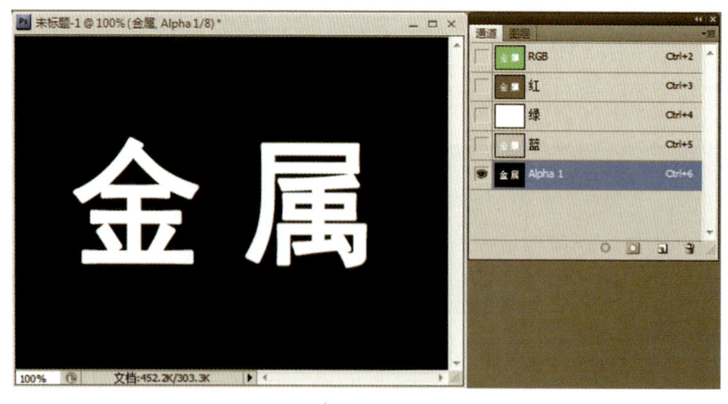

图 7-12　金属字效果

（4）对通道“Alpha 1”执行“滤镜→模糊→高斯模糊”命令（“半径”1px）。

（5）接着执行“滤镜→风格化→浮雕效果”命令（“角度”-43 度，“高度”7 像素，“数量”38%），效果如图 7-13 所示。

（6）再执行“滤镜→风格化→查找边缘”命令。

（7）全部选中通道“Alpha 1”并进行拷贝，激活 RGB 通道。打开图层调板，再执行粘贴命令，生成新的“图层 1”。对“图层 1”执行“图像→调整→反相”命令。

（8）“图层 1”为当前图层，调出“金属”文本图层的选区，执行“选择→修改→扩展…”命令（“扩展量”4px 左右）。执行“选择→反向”命令，选区反向后按“Delete”键删除“图层 1”选区中的黑色背景，如图 7–14 所示。

（9）取消选区，对“图层 1”执行“图像→调整→色相 / 饱和度”命令，对话框中勾选“着色”选框，调整出文字的单色效果（见图 7–15）。

（10）为“图层 1”添加“斜面和浮雕”的图层样式（见图 7–16），最终效果如图 7–11 所示。

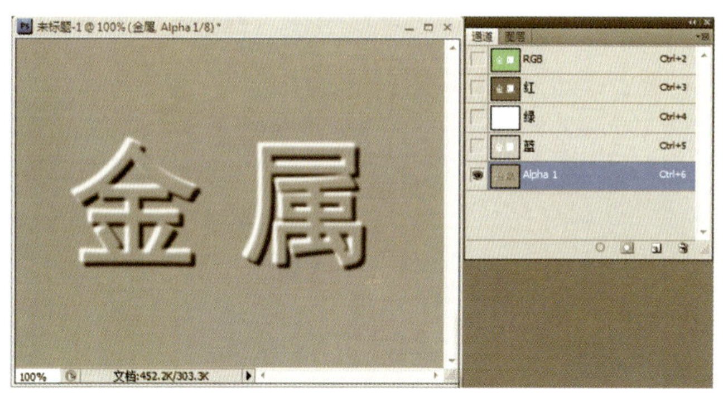

图 7–13　浮雕效果

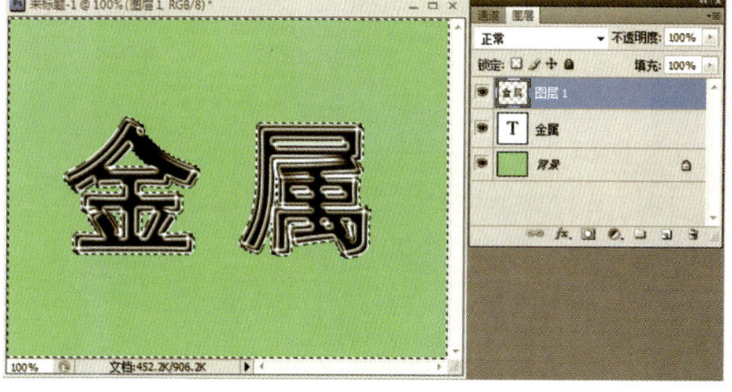

图 7–14　删除黑色背景

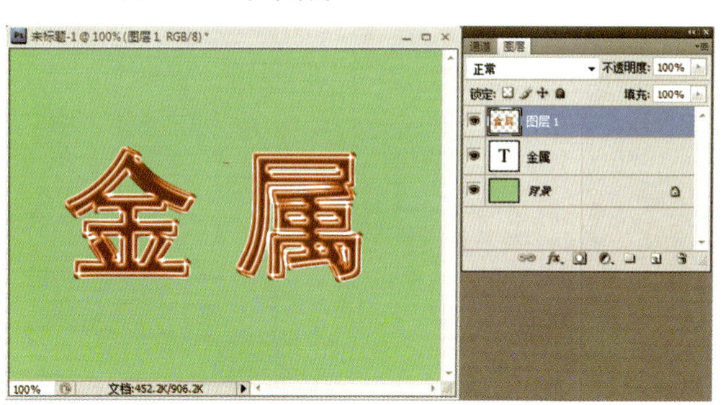

图 7–15　文字单色效果

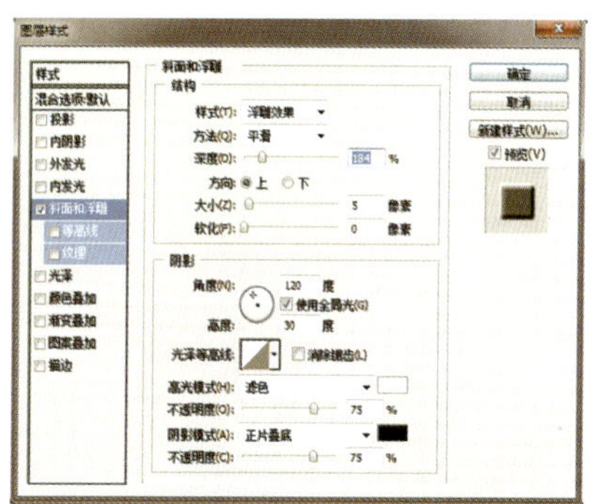

图 7–16　图层样式

任务五

制作长刺字

一、任务要求 ONE

建一个新文件，参数为 16 cm × 12 cm，72 像素 / 英寸，RGB 模式。植入文字“刺猬”，将其制作成长刺字效果，如图 7–17 所示。

二、操作步骤 TWO

（1）建一个新文件，参数为 16 cm × 12 cm，72 像素 / 英寸，RGB 模式。

（2）植入文字“刺猬”，文字字体为黑体，文字大小为 160 像素。

（3）调出文字“刺猬”的选区，然后将该文本图层隐藏或删除。打开路径调板，从路径调板菜单中选择“建立工作路径”（“容差值”0.5px），选区转为路径。

（4）打开图层调板，新建一个图层为“图层 1”，作为应用路径描边效果的图层。

（5）选择“画笔工具”，设置画笔的颜色：前景色为红色（R：255、G：0、B：0），背景为蓝色（R：0、G：0、B：255）。

（6）打开画笔面板，设置画笔形状、间距与颜色动态效果：“画笔形状”与“间距”设置如图 7–18 所示，“颜色动态”设置如图 7–19 所示。

（7）设置好画笔后，打开路径调板，激活工作路径，点击调板下端左数第二个按钮“用画笔描边路径”。取消路径显示，效果如图 7–17 所示。

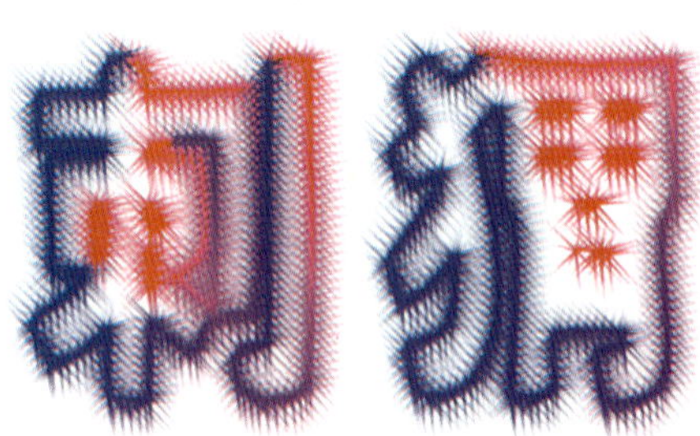

图 7–17　长刺字

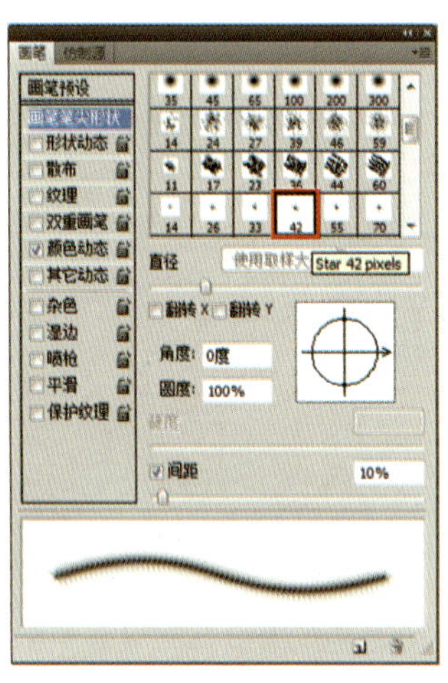

图 7–18　画笔与间距

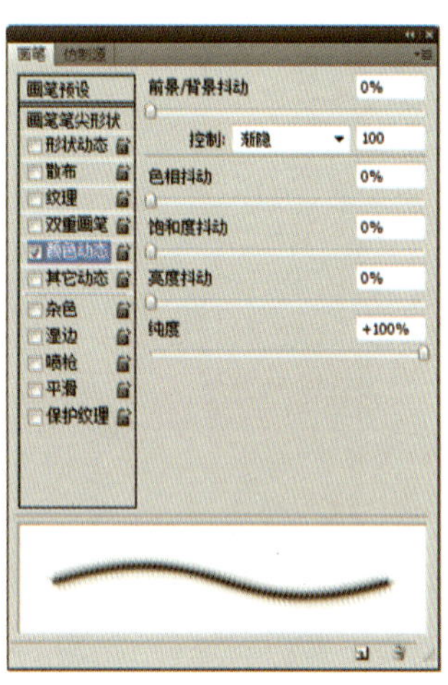

图 7–19　颜色动态

任务六

制作燃烧字

一、任务要求 ONE

建一个新文件，参数为 16 cm × 12 cm，灰度模式，黑色背景。植入文字“燃烧”，将其制作成燃烧字的效果，如图 7–20 所示。

二、操作步骤　TWO

（1）建一个新文件，参数为 16 cm × 12 cm，灰度模式，72 像素 / 英寸，黑色背景。

（2）植入文字“燃烧”，文字为白色，置于画面底端。

（3）调出文字选区，打开通道调板，创建新通道“Alpha 1”，选区内填充白色。

（4）制作火苗效果。取消选区，打开图层调板，合并文字图层与背景层。执行“图像→图像旋转 90°”（顺时针）命令。

（5）执行“滤镜→风格化→风…”命令，重复这个滤镜效果 2 ~ 3 次（Ctrl+F）。再执行“图像→图像旋转 90°”（逆时针）命令，端正图像，效果如图 7–21 所示。

（6）执行“滤镜→扭曲→波纹”命令（“数量”85%，“大小”小），效果如图 7–22 所示。

（7）制作燃烧的火焰效果。执行“图像→模式→索引颜色”命令，转化图像颜色模式，接着执行“图像→模式→颜色表…”命令，效果如图 7–23 所示。

（8）制作黑色文字。打开通道调板，载入通道“Alpha 1”的选区。转到图层调板，选区内填充黑色，效果如图 7–20 所示。

提示：在通道中保留“燃烧”文字，目的就是能调用选区填充黑色。转为索引模式后的文档不支持多个图层，可以支持通道。所以在转为索引模式前，要在通道调板中保存一个“燃烧”文字的选区。

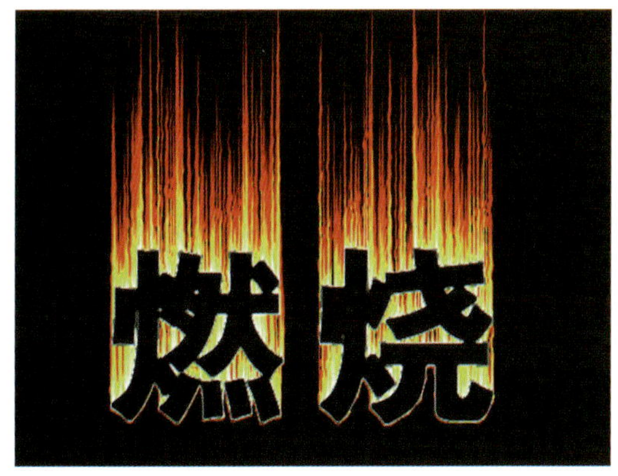

图 7–20　燃烧字

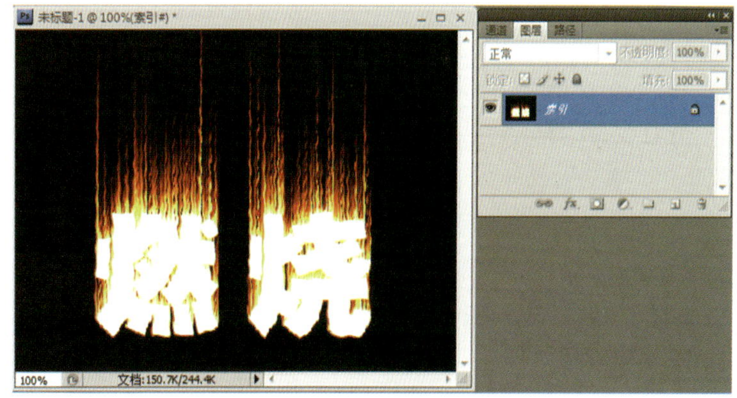

图 7–21　“风”命令效果图

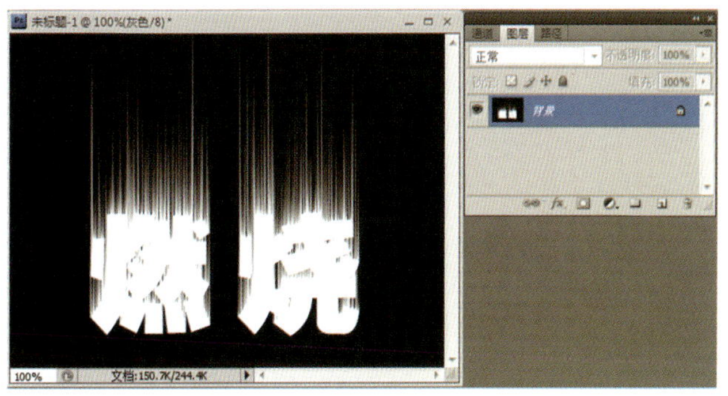

图 7–22　“波纹”命令效果图

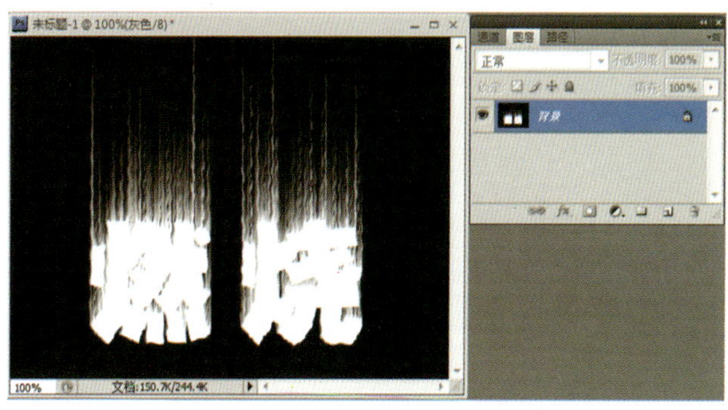

图 7–23　燃烧的火焰效果

任务七

制作彩色立体字

一、任务要求 ONE

建一个新文件，参数为 16 cm×12 cm，RGB 模式，背景为红与白的渐变色。植入文字“跨越”，将其制作成彩色立体字效果，如图 7-24 所示。

二、操作步骤 TWO

（1）建一个新文件，参数为 16 cm×12 cm，72 像素 / 英寸，RGB 模式。背景填充成红色与白色的渐变效果。

（2）选择“直排文字蒙版工具”，植入文字“跨越”。文字字体为黑体，文字大小为 140 像素，竖排，用渐变色填充。

（3）新建一个图层为“图层 1”，文字选区内填充“铬黄”颜色的线性渐变，效果如图 7-25 所示。

（4）保持文字选区，执行“编辑→描边…”命令（“宽度”1px，“颜色”深蓝色，“位置”居中，“混合模式”正片叠底），如图 7-26 所示。

（5）描边后，继续保持选区状态。选择“移动工具”，按住“Alt”键，依次按方向键“←”、“↑”各 16 次左右。

（6）取消选区，复制“图层 1”为“图层 1 副本”，选择“图层 1”，执行“自由变换”命令，将文字变形（见图 7-27）。双击确定后，再将“图层 1”的图层“不透明度”设置为 40%左右，效果如图 7-24 所示。

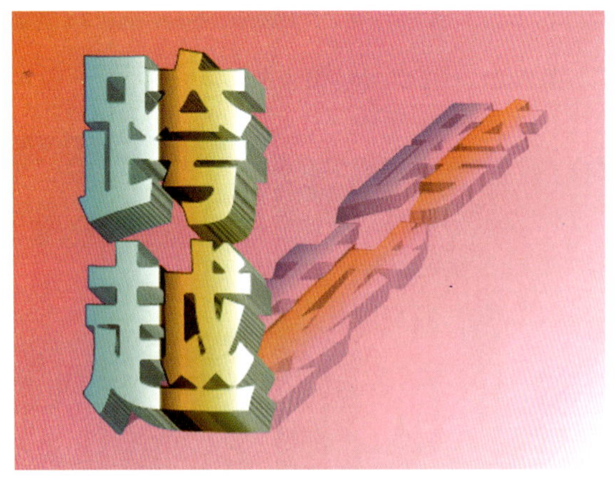

图 7-24 彩色立体字

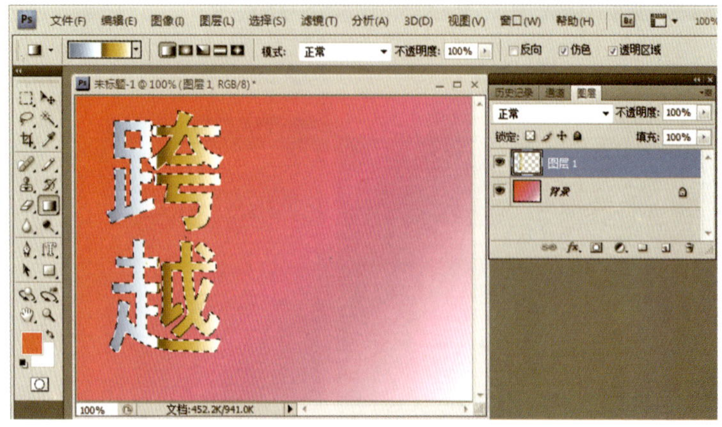

图 7-25 “铬黄”效果图

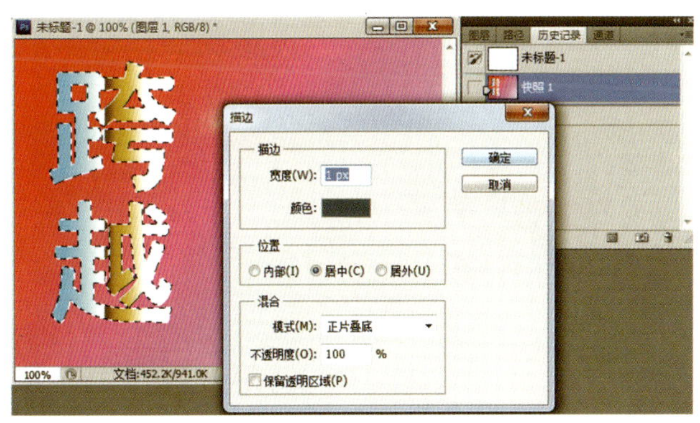

图 7-26 描边

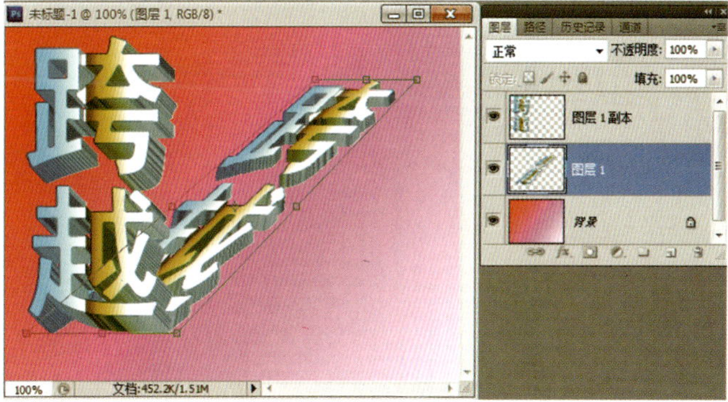

图 7-27 文字变形

任务八

制作飘动字

一、任务要求 ONE

建一个新文件，参数为 16 cm × 12 cm，72 像素 / 英寸，RGB 模式，白色背景。植入文字“飘动”，将其制作成飘动的效果，如图 7-28 所示。

二、操作步骤 TWO

（1）建一个新文件，参数为 16 cm × 12 cm，72 像素 / 英寸，RGB 模式，白色背景。

（2）植入文字“飘动”，文字字体任选（最好不要使用宋体），文字大小为 160 像素，颜色为纯红色。

（3）栅格化文字图层，执行“滤镜→液化···”命令（对话框中使用“向前变形工具”），如图 7-29 所示，涂抹出文字的变形效果（见图 7-30）。

（4）制作投影效果。复制“飘动”图层为“飘动 副本”图层，选择下面的图层，填充灰黑色，与上一图层的红色文字错开位置摆放，效果如图 7-28 所示。

图 7-28 飘动字

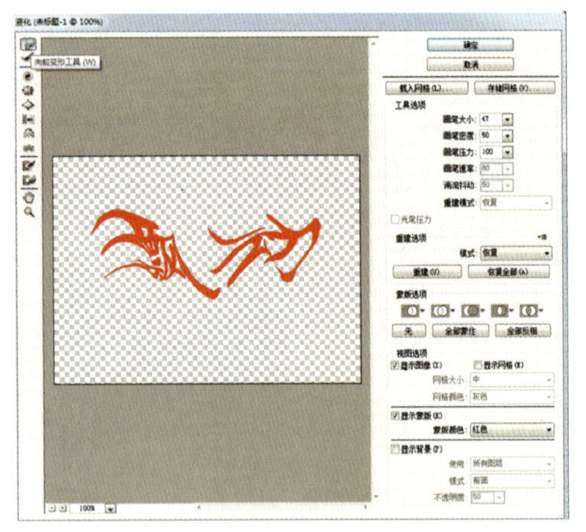

图 7-29　使用“向前变形工具”

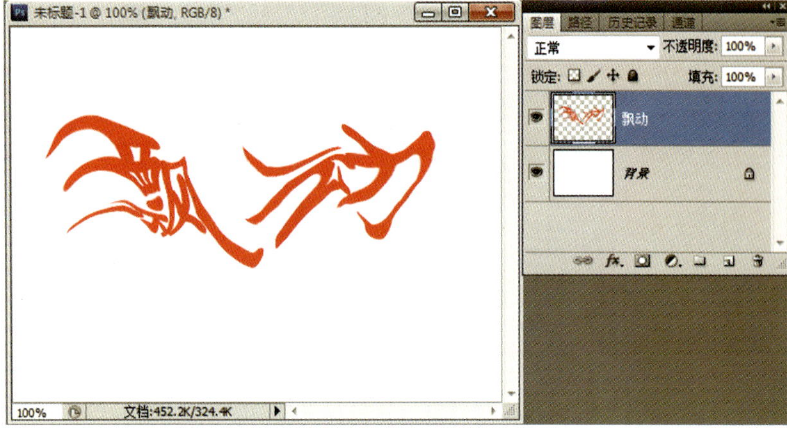

图 7-30　文字变形效果

任务九

制作鹅卵石字

一、任务要求　ONE

建一个新文件，参数为 16 cm × 12 cm，72 像素 / 英寸，RGB 模式，白色背景。植入文字“鹅卵石”，将其制作成鹅卵石字的效果，如图 7-31 所示。

图 7-31　鹅卵石字

二、操作步骤　TWO

（1）建一个新文件，参数为 16 cm × 12 cm，72 像素 / 英寸，RGB 模式，白色背景。

（2）植入文字“鹅卵石”，文字字体任选，文字大小为 160 像素。建议字体“文鼎 CS 魏碑”，颜色为黄褐色（R：192、G：105、B：2）。

（3）栅格化文字图层，前景色设置为白色，执行“滤镜→纹理→染色玻璃…”命令（“单元格大小”3，“边框粗细”2，“光照强度”3），效果如图 7–32 所示。

（4）隐藏白色背景图层，可以看到笔画上的缝隙并不是透明的（见图 7–33）。需要选定并删除文字中的白色缝隙，以便制作出浮雕效果的鹅卵石字。

（5）为文字图层添加“斜面和浮雕”的图层样式（见图 7–34），效果如图 7–35 所示。

（6）最后可以使用“减淡工具”涂抹出图像的亮部区域，最后效果如图 7–31 所示。

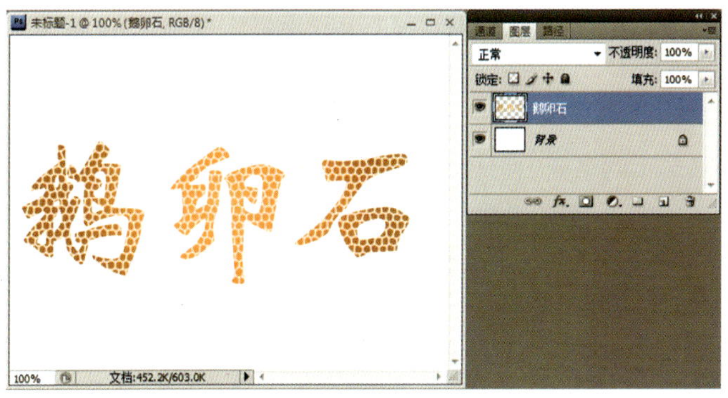

图 7–32 “染色玻璃”命令

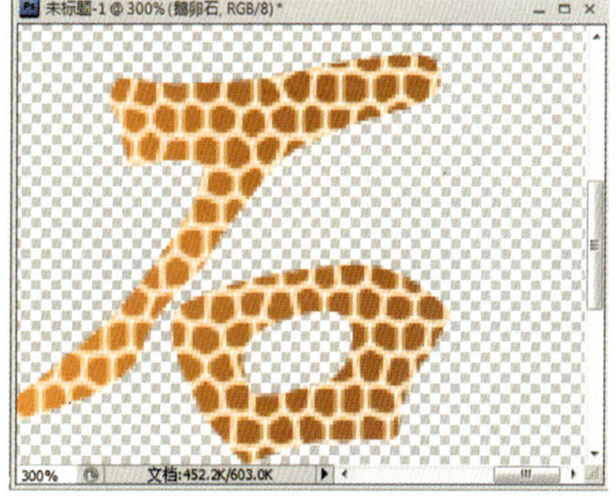

图 7–33 隐藏白色背景图层

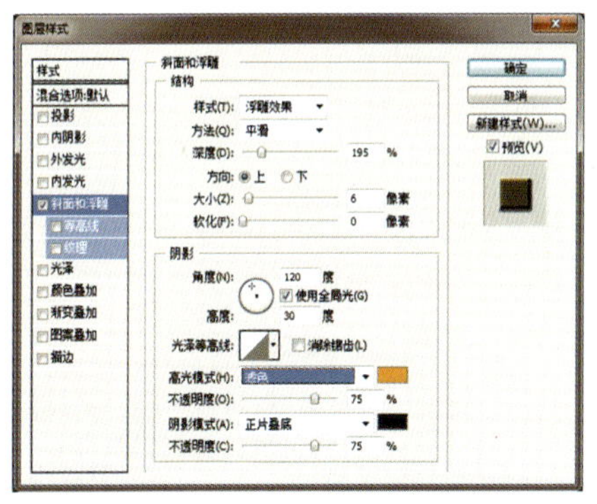

图 7–34 图层样式

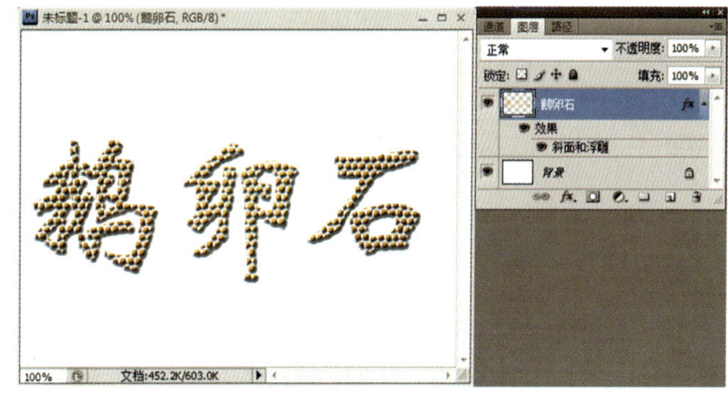

图 7–35 效果图

任务十

制作彩带字

一、任务要求 ONE

建一个新文件，参数为 16 cm × 12 cm，72 像素 / 英寸，RGB 模式，白色背景。植入文字“彩带字”，将其制成彩带字的效果，如图 7–36 所示。

二、操作步骤 TWO

（1）建一个新文件，参数为 16 cm×12 cm，72 像素 / 英寸，RGB 模式，白色背景。

（2）植入黑色文字“彩带字”，文字字体任选，文字大小为 60 像素，将文字定义为新笔刷。

（3）栅格化文字图层，将“彩带字”做“透视”变形（见图 7–37）。

（4）将文字定义为画笔。执行“编辑→定义画笔预设…”命令，定义后的画笔将出现在画笔列表中，作为描边路径使用。

（5）打开路径调板，选择“钢笔工具”，绘制出彩带的路径（路径共由五段、六个节点组成）。

（6）隐藏“彩带字”图层，复制“工作路径”。将“工作路径”拖到“创建新路径”按钮上进行复制后，“工作路径”会先转化为“路径 1”，再将“路径 1”拖到“创建新路径”按钮上复制（共 5 条路径）如图 7–38 所示。

（7）每个路径层中只依次保留一段路径，其余路径与节点使用“直接选择工具”框选后删除。

图 7–36 彩带字

（8）选择“画笔工具”，工具选项栏中设置“模式”正常，“强度”100%，“不透明度”100%。打开画笔面板，选用“彩带字”画笔，画笔“直径”153px 左右（见图 7–39）。再打开画笔的“颜色动态”，设置“渐隐”150 左右，“纯度”100%（见图 7–40）。

（9）画笔设置好后，在图层调板中新建一个图层为“图层 1”（作为画笔描边路径的图层）。

（10）打开路径调板，选择第一段路径“路径 1”。将前景色设置为红色、背景色为绿色。点击路径调板下端左数第二个按钮“用画笔描边路径”，效果如图 7–41 所示。

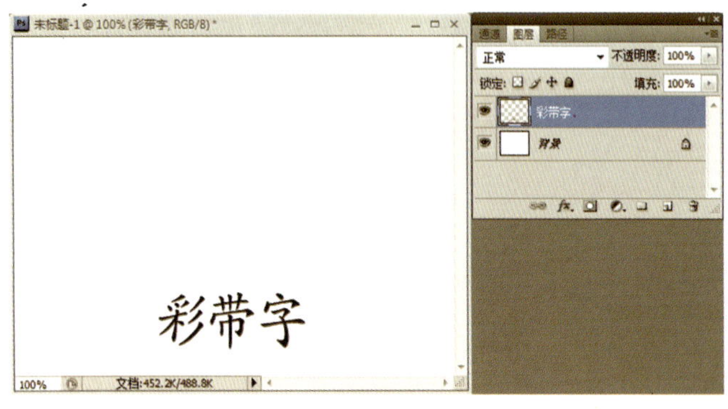

图 7–37 “透视”变形

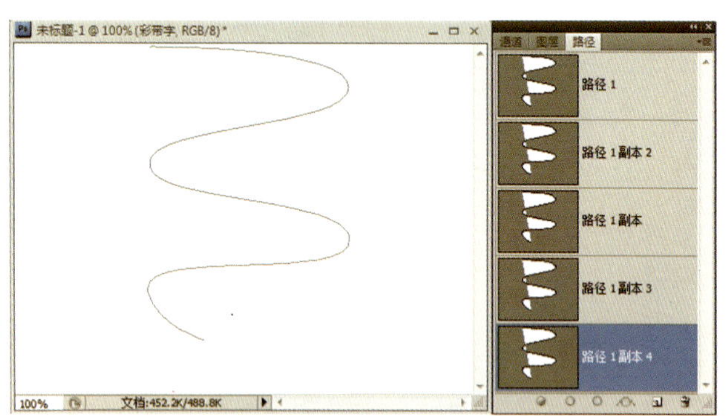

图 7–38 复制 5 条路径

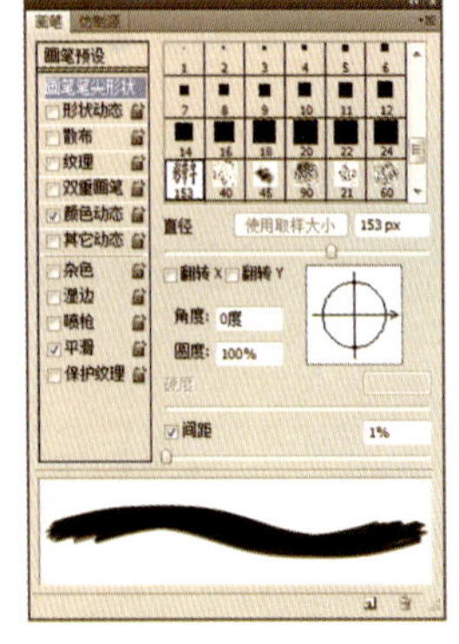

图 7–39 画笔工具

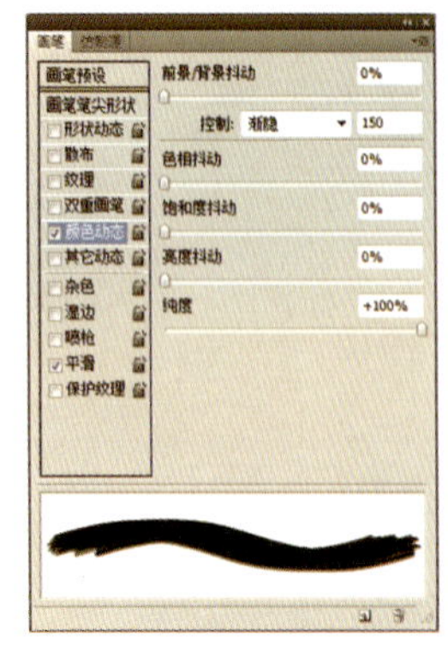

图 7–40 颜色动态

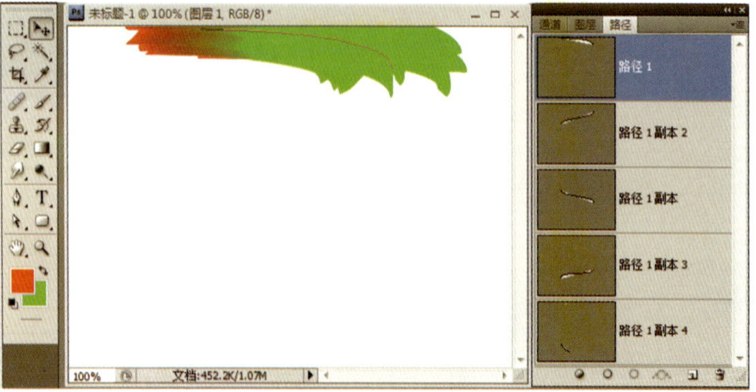

图 7–41 “用画笔描边路径”效果图

①交换前景色和背景色，前景色为绿色，背景色设置为黄色，选择第二段路径，点击“用画笔描边路径”按钮（见图 7–42）；

②交换前景色和背景色，前景色为黄色，背景色设置为蓝色，选择第三段路径，点击“用画笔描边路径”按钮（见图 7–43）；

③交换前景色和背景色，前景色为蓝色，背景色设置为品红色，选择第四段路径，点击“用画笔描边路径”按钮（“颜色动态”中的渐隐调整为 200），如图 7–44 所示；

④交换前景色和背景色，前景色为品红色，背景色为红色，选择第五段路径，点击“用画笔描边路径”按钮（“颜色动态”中的渐隐调整为 50），如图 7–45 所示。

（11）转到“图层调板”，显示“彩带字”图层，将该图层置于最顶层（见图 7–46）。调出文字选区，重新填充“光谱”颜色的渐变效果，最终效果如图 7–36 所示。

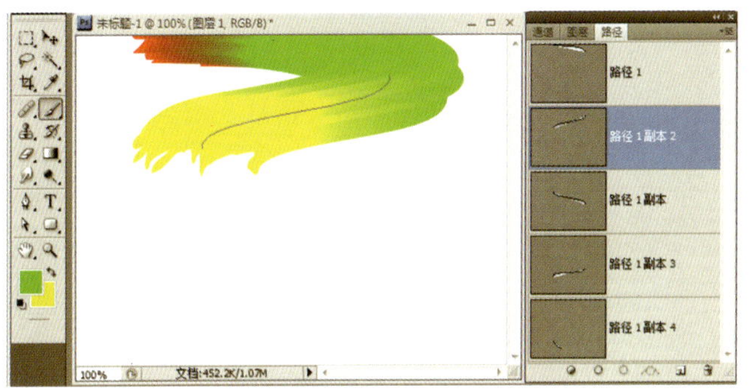

图 7–42　选择第二段路径

图 7–43　选择第三段路径

图 7–44　选择第四段路径

图 7–45　选择第五段路径

图 7–46　将“彩带字”图层置于最顶层

任务十一

文字发光效果

一、任务要求 ONE

制作文字“2008”的发光效果，最终效果如图 7-47 所示。

二、操作步骤 TWO

(1) 调出文件 Yps7a-15.tif 和 Yps7b-15.tif。

(2) 将文件 Yps7a-15.tif 中的部分图像填充到整个画布中，并将图像大小调至合适尺寸（宽度、高度分别为：16 cm 和 12 cm）。

①文件 Yps7a-15.tif 为当前文档，执行“图像→画布大小…”命令（选择右下角“定位区域方块”，输入宽度与高度的数值），如图 7-48 所示，效果如图 7-49 所示。

图 7-47 发光效果

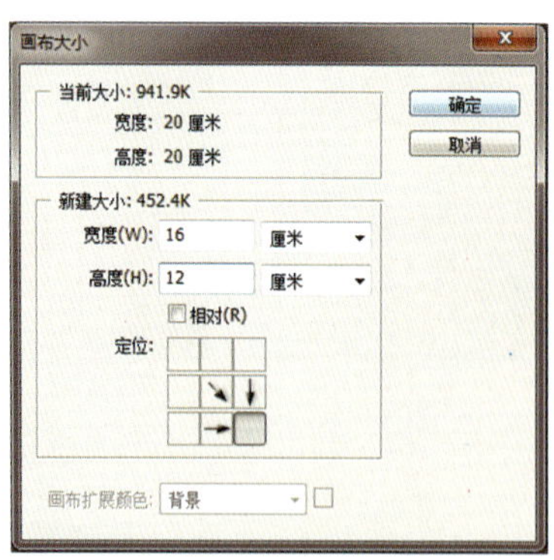

图 7-48 画布大小

图 7-49 画布大小效果图

②将背景层转化为普通图层“图层 0”，执行“自由变换”命令，将图像拉大铺满整个画布。

(3) 植入文字“2008”，并将文件 Yps7b-15.tif 中花的图像复制到文字内，经过最后的处理做出发光的文字效果。

①选择“横排文字工具”，输入文字“2008”（“字体”Arial，“字号”163px 左右）。

②选定文件 Yps7b-15.tif 局部的两朵花（见图 7-50），并将其拷贝至文件 Yps7a-15.tif 成为“图层 1”，调整花的大小与形状（见图 7-51）。

③将花朵定义为图案。选择“图层 1”，隐藏其他图层，围绕花朵拖出一个方形选区（见图 7-52），执行“编辑→定义图案…”命令。

④取消选区，隐藏“图层 1”，显示其他图层。将“2008”图层“填充”数值设为“0%”。

⑤为“2008”图层添加“斜面和浮雕”、“外发光”、“图案叠加”的图层样式。

- “斜面和浮雕”对话框设置参考（见图 7–53）。
- “外发光”对话框设置参考（见图 7–54）。
- “图案叠加”对话框中应用刚才定义的花朵图案（见图 7–55），最终效果如图 7–47 所示。

图 7–50　选定局部两朵花

图 7–51　调整大小形状

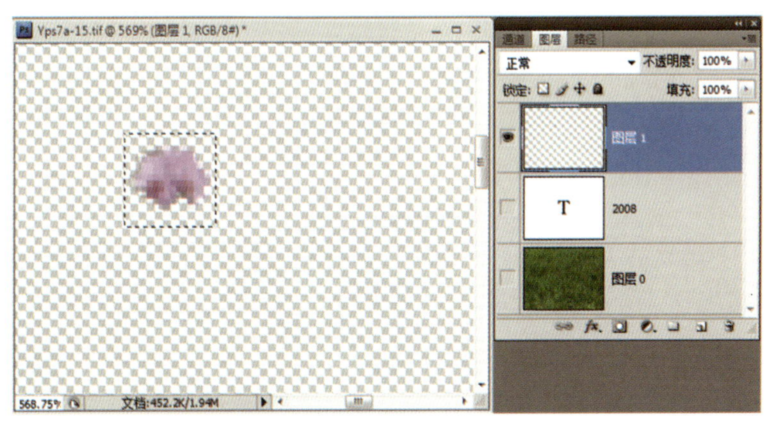

图 7–52　围绕花朵拖出一个方形选区

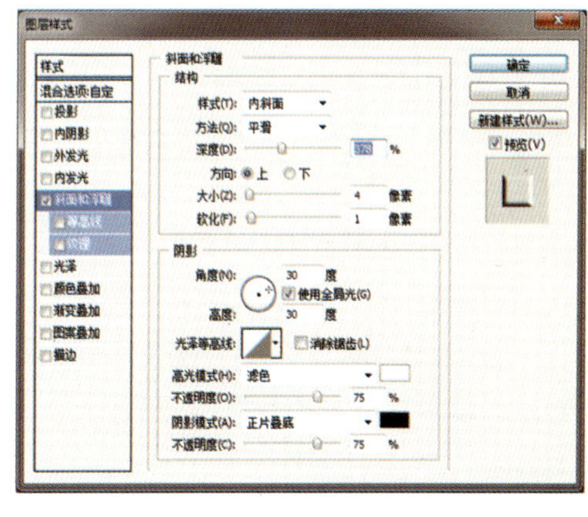

图 7–53　“斜面和浮雕”设置参考

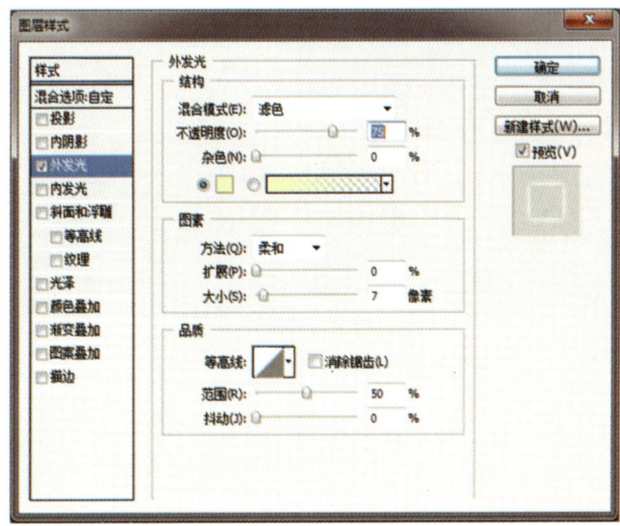

图 7–54　“外发光”设置参考

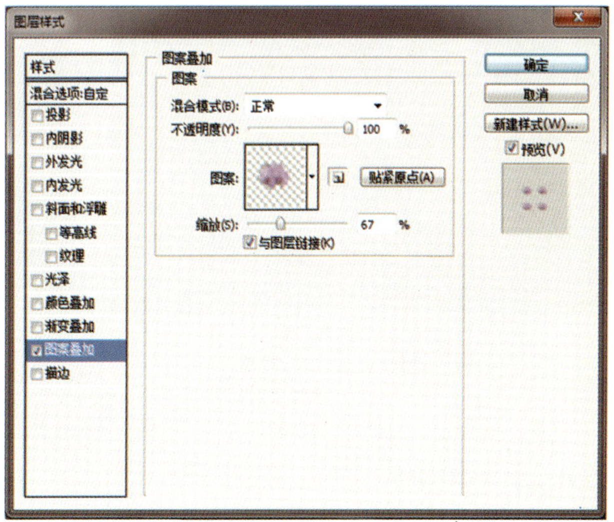

图 7–55　图案叠加

任务十二

制作桌面反光倒影

一、任务要求 ONE

（1）先将文字作立体效果处理。

（2）制作桌面反光倒影效果。

制作桌面反光倒影，效果如图 7–56 所示。

二、操作步骤 TWO

（1）调出文件 Yps7–17.tif。

（2）植入文字“倒影”，文字字体任选，颜色为纯蓝色，文字大小为 80 像素（字体：幼圆，字号：80px 左右）。

（3）栅格化文字图层，调出文字选区，执行“编辑→描边…”命令（“宽度”1px，“位置”居中，“颜色”黄色），效果如图 7–57 所示。

图 7–56　桌面反光倒影

图 7–57　描边效果

（4）调出文字描边后的新选区，选择“移动工具”，按住“Alt”键，依次按方向键“↓”、“←”各 10 次，效果如图 7–58 所示。

（5）保持当前选区，将选区内的图像原位置拷贝至自动新建的“图层 1”（Ctrl+J）。

（6）将“图层 1”做“垂直翻转”变换（见图 7–59）。

(7) 调出“图层 1”的选区，选择“移动工具”，按住“Alt”键，依次按方向键“↓”、“→”各 10 次，倒影效果如图 7-60 所示。

(8) 取消选区，将“图层 1”置于背景图层之上。图层混合模式选择“柔光”（或保持“正常”不变，降低图层“不透明度”数值），最终效果如图 7-56 所示。

图 7-58　移动效果

图 7-59　“垂直翻转”变换

图 7-60　倒影效果

任务十三

制作卷曲字

一、任务要求　ONE

建一个新文件，参数为 16 cm × 12 cm，72 像素 / 英寸，RGB 模式，白色背景。植入文字“卷发”，将其制作成卷曲字的效果，如图 7-61 所示。

二、操作步骤 TWO

（1）建一个新文件，参数为 16 cm × 12 cm，72 像素 / 英寸，RGB 模式，白色背景。

（2）植入文字“卷发”，文字字体为黑体，文字大小为 160 像素。

栅格化文字图层，调出文字选区，选区内填充“光谱”颜色的线性渐变效果如图 7-62 所示。

图7-61　卷曲字

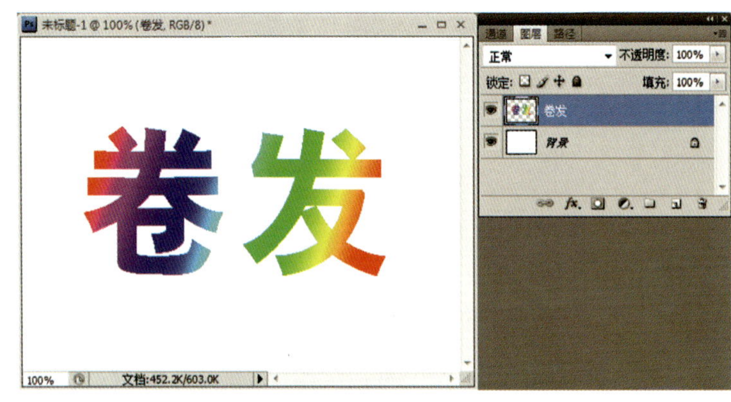

图 7-62　“光谱”颜色的线性渐变效果

（3）将文字制作成卷曲字的效果，并将文字作阴影处理。

①选择“椭圆选框工具”，工具选项栏“样式”中选择“固定大小”（消除锯齿 样式: 固定大小 宽度: 25 px ⇄ 高度: 25 px）。因为要多次使用同样大小的选区，可以预先设定选区的固定大小（“宽度”25px、“高度”25px）。

②在需要设置扭曲效果的笔画位置单击鼠标，选区以固定大小出现（见图 7-63）。

③执行“滤镜→扭曲→旋转扭曲…”命令（“角度”999 度），如图 7-64 所示，效果如图 7-65 所示。

④制作出其他笔画位置的扭曲效果（见图 7-66）（逆时针笔画的旋转扭曲“角度”为负数）。

提示：有的笔画旋转扭曲的范围，需要取消选区“固定大小”数值，恢复“椭圆选框工具”的正常绘制。此外，根据图 7-61 效果所示，一些位置的笔画需要降低旋转扭曲角度的数值。

⑤为“卷发”图层添加“投影”的图层样式，最终效果如图 7-61 所示。

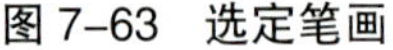

图 7-63　选定笔画

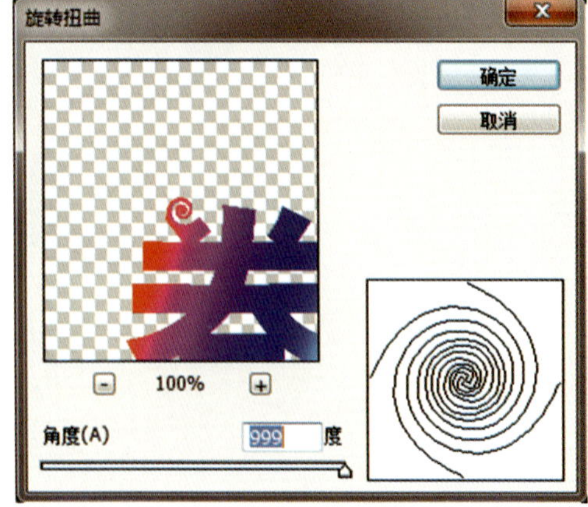

图 7-64　旋转扭曲

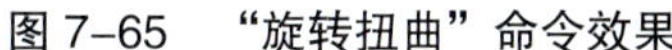

图 7-65 “旋转扭曲”命令效果

图 7-66 扭曲效果

任务十四

自由落体效果

一、任务要求 ONE

建一个新文件，参数为 16 cm×12 cm，72 像素 / 英寸，RGB 模式，白色背景。植入文字“ABOST”，将其制作成自由落体的效果，如图 7-67 所示。

二、操作步骤 TWO

（1）建一个新文件，参数为 16 cm×12cm，72 像素 / 英寸，RGB 模式，白色背景。

（2）植入文字“ABOST”，文字字体任选，文字大小为 60 像素，将文字填充中性灰（R：128、G：128、B：128），用彩色半调效果滤镜处理文字，并对各字母作随意转动，复制一层。

①按要求输入“A、B、O、S、T”五个字母，一个字母一个图层。

②栅格化所有的文本图层，参照效果图调整好每个字母的角度与位置。

③对五个字母图层分别执行“滤镜→像素化→彩色半调…”命令，对话框设置默认值即可，如图 7-68 所示。

（3）将文字制作成自由落体的效果。

选择“涂抹工具”，从每个字母的上方涂抹出轨迹效果，涂抹工具选项栏中“模式”变亮，画笔“强度”与“直径”随涂抹轨迹的效果而调整。当涂抹出一定轨迹效果后，可以接着在轨迹效果上继续涂抹。最终效果如图 7-67 所示。

图 7-67　自由落体效果

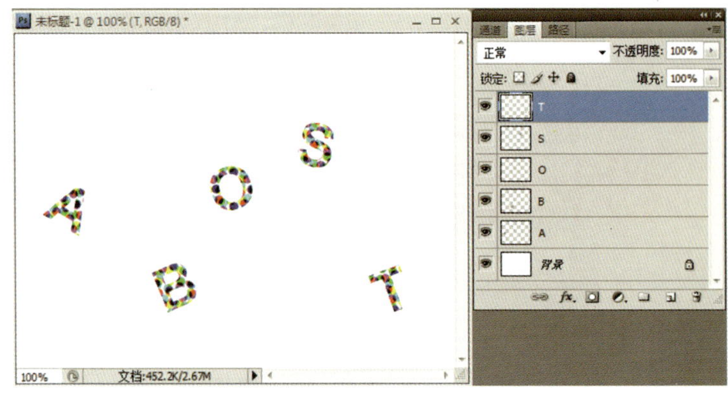

图 7-68　“彩色半调”命令效果

任务十五

制作凹陷字

一、任务要求　ONE

凹陷效果文字制作，效果如图 7-69 所示。

二、操作步骤　TWO

（1）调出文件 Yps8a-08.tif。

（2）植入文字“凹陷字”，文字字体为黑体，文字大小为 160 像素。

①打开通道调板，创建新通道“Alpha 1”，前景色设置为白色，使用“横排文字工具”输入“凹陷字”。

②取消选区，复制通道“Alpha 1”为“Alpha 1 副本”，对“Alpha 1 副本”执行“滤镜→模糊→高斯模糊”命令（“半径”2px），效果如图 7-70 所示。

③对“Alpha 1 副本”执行“滤镜→风格化→浮雕效果”命令（“角度”-75，“高度”6px，“数量”64%），效果如图 7-71 所示。

（3）利用通道计算，将文字制作成凹陷字效果。

①执行“图像→计算…”命令（用通道“Alpha 1 副本”和“Alpha 1”进行“差值”混合模式的计算），如图 7-72 所示，计算后生成新的通道“Alpha 2”。

②激活 RGB 通道，打开图层调板，执行“图像→应用图像…”命令（“通道”Alpha 2、“混合”强光），将

图 7–69 凹陷字

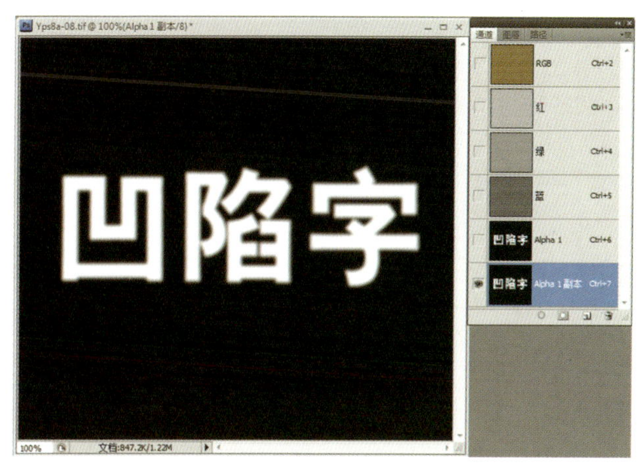

图 7–70 “高斯模糊”命令效果

通道“Alpha 2”的选区效果以强光模式应用于当前图像（见图 7–73）。

③执行“选择→载入选区…”命令（“通道”Alpha 1），把通道“Alpha 1”的选区载入图像。

④执行“选择→修改→扩展…”命令（“扩展量”4px），扩展的选区范围包含所有文字的边缘效果。

⑤将选区内的图像原位置拷贝至自动新建的“图层 1”（Ctrl+J），背景层填充为白色。

⑥为“图层 1”添加“投影”的图层样式，效果如图 7–74 所示。

⑦执行“图像→调整→色相 / 饱和度”命令，调整文字图像的颜色，最终效果如图 7–69 所示。

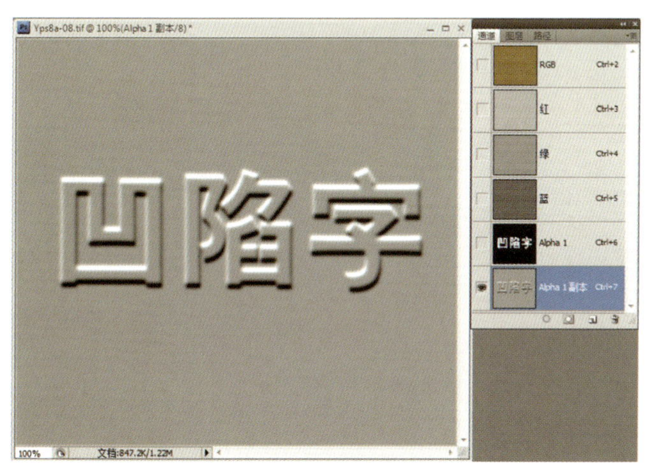

图 7–71 浮雕效果

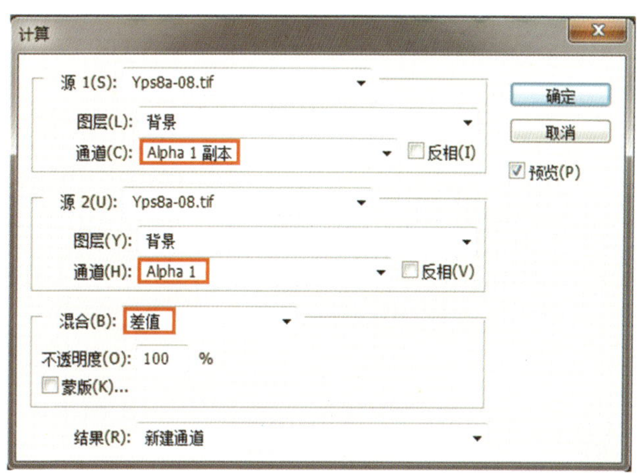

图 7–72 计算

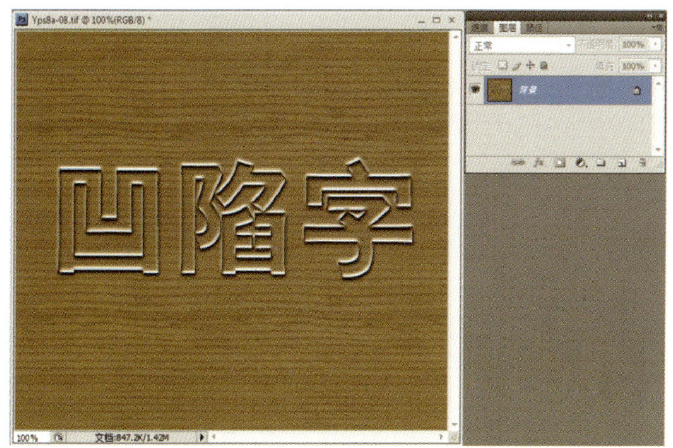

图 7–73 强光模式应用

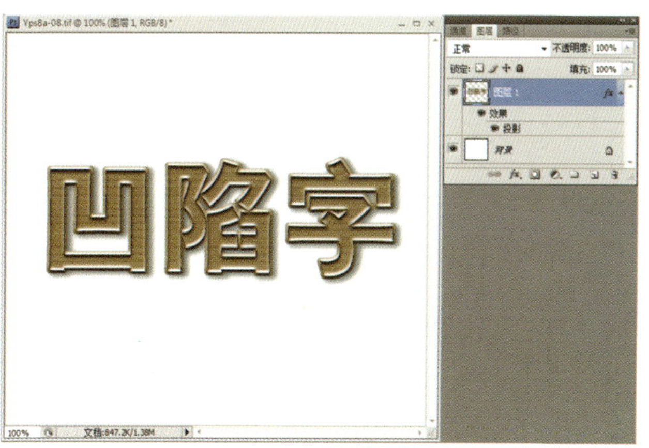

图 7–74 “投影”的图层样式的效果

项目八
图像综合技法

Photoshop
ZHONGJI
JINENG
SHIXUN JIAOCHENG

任务一　立体墙面效果

一、任务要求　ONE

通过对两份图像的综合处理，制作出立体墙面的效果，最终效果如图 8–1 所示。

二、操作步骤　TWO

（1）分别调出文件 Yps8a–02.tif、Yps8b–02.jpg，将文件 Yps8b–02.jpg 全图作图案填充，并进行图像调整。

①将文件 Yps8b–02.jpg 作为当前工作文档，围绕向日葵绘制出一个矩形选区，将选区内的图像拷贝至新建的“图层 1”中，再将图像等比缩小至效果图背景中的一个单元格大小，如图 8–2 所示。

图 8–1　立体墙面效果

图 8–2　图像处理

②定义向日葵为图案。选择“图层 1”，围绕向日葵绘制一个方形选区，执行“编辑→定义图案”命令（见图 8–3）。

③对全图作图案填充。取消选区，新建图层为“图层 2”，执行“编辑→填充…”命令（用定义的向日葵图案填充），效果如图 8–4 所示。

（2）对图像进行透视等变换，表现礼品盒的效果。

①使用“矩形选框工具”在“图层 2”中选定一部分图案（见图 8–5），并拷贝至新图层“图层 3”。

②选择“图层 2”，执行“图像→调整→色相 / 饱和度”命令，对话框中勾选“着色”选框，将图案调整为单色效果（见图 8–6）。

图 8-3　定义向日葵为图案

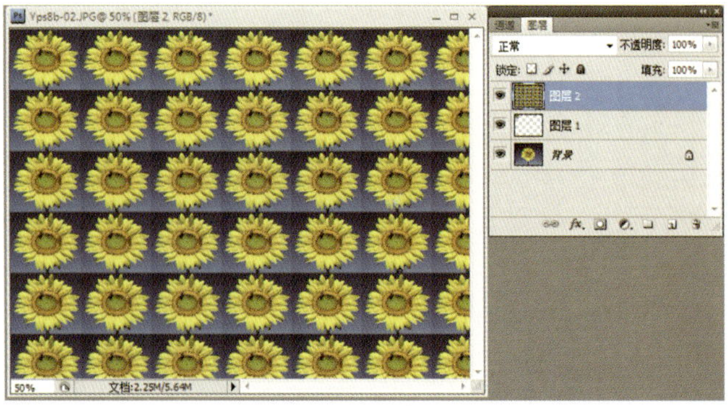

图 8-4　全图作图案填充

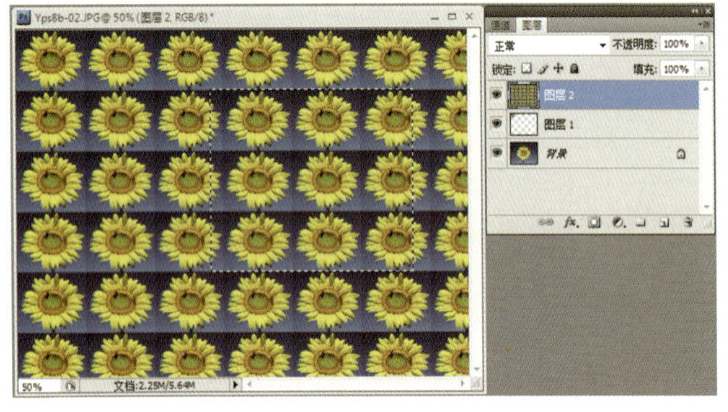

图 8-5　选定一部分图案

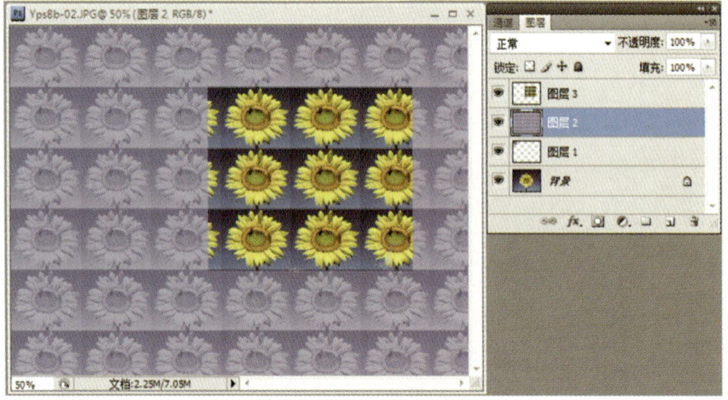

图 8-6　单色效果

③从“图层 3”的图案中框选出作为立面区域的图案，并拷贝至新建的“图层 4”中。

④将“图层 3”中的图案进行“透视”及“扭曲”变换，制作出盒子近大远小的效果。接着变换“图层 4”中图案的立体效果（见图 8-7），并调整盒子立面的色阶，产生较强的立体效果，如图 8-8 所示。

⑤将文件 Yps8a-02.tif 中蝴蝶结拖入文件 Yps8b-02.tif，执行“图像→调整→色相 / 饱和度”命令，调整蝴蝶结的颜色（见图 8-9）。

（3）植入“Happy Birthday”，并表现立体效果。

①输入文字“Happy Birthday”（字体接近即可）。

②栅格化文字图层，并将图层的“填充”数值设为 0%。为文字图层添加“阴影”（见图 8-10）与“斜面和浮雕”（见图 8-11）的图层样式，最终效果如图 8-1 所示。

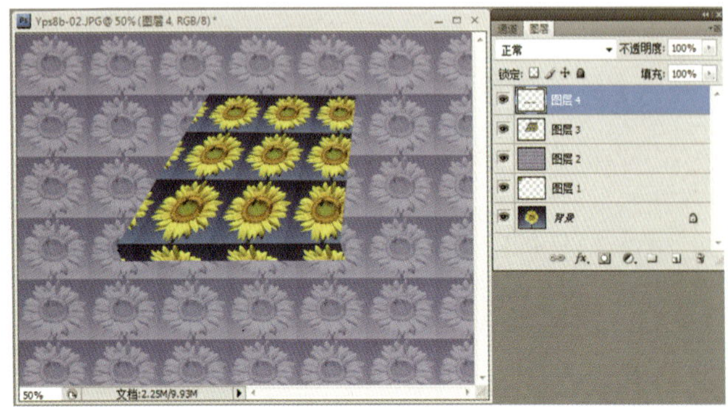

图 8-7　图案的立体效果

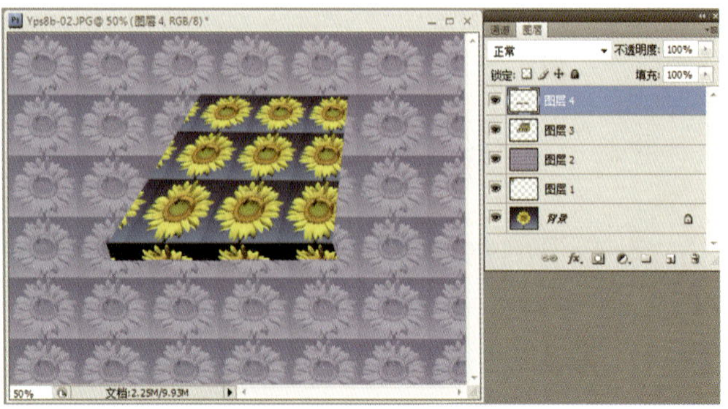

图 8-8　较强的立体效果

图 8-9　调整蝴蝶结的颜色

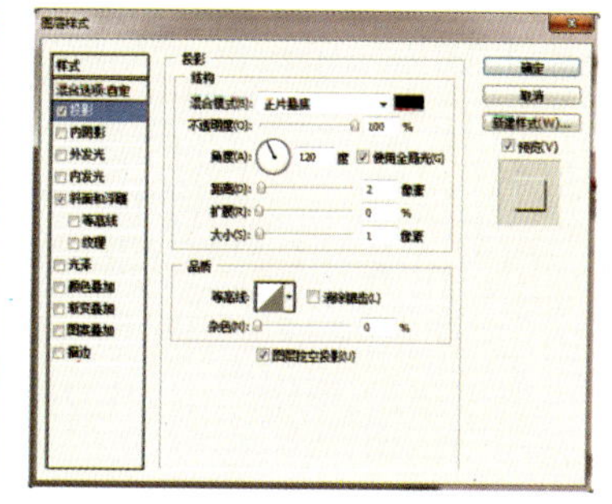
图 8-10　阴影

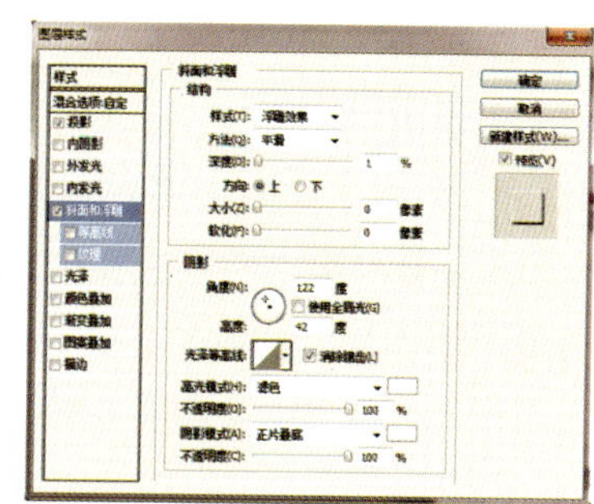
图 8-11　斜面和浮雕

任务二

水中花的效果

一、任务要求　ONE

建一个新文件，参数为 16 cm×12 cm，72 像素 / 英寸，RGB 模式。通过特技处理制作出水中涟漪的效果，如图 8-12 所示。

二、操作步骤　TWO

（1）建一个新文件，参数为 16 cm×12 cm，72 像素 / 英寸，RGB 模式。

①设置前景色和背景色。参照效果图中的绿色背景，使用“吸管工具”点击一处最浅的绿色作为前景色，一处最深色的绿色作为背景色。

②执行“滤镜→效果→云彩”命令，如果一次效果不满意，可以多次重复这个滤镜效果命令 Ctrl+F，效果如图 8-13 所示。

（2）通过相应的命令制作出水中的涟漪效果。打开文件 Yps8-03.jpg，并将花的图像复制到新的文件中，表现出花的倒影和摇曳效果。

①选定文件 Yps8-03.jpg 的荷花，并将选区内的图像拷入新建文档中成为“图层 1”。

图 8-12　水中花效果

②复制“图层 1”为“图层 1 副本”，两朵荷花错开放置。选择“图层 1 副本”，执行“滤镜→模糊→高斯模糊”命令（“半径”3px 左右）。

③为了产生更好的虚实效果，可以适当降低“图层 1 副本”荷花的饱和度（调整“色相 / 饱和度”），效果如图 8-14 所示。

④复制“图层 1 副本”为“图层 1 副本 2”，选择“图层 1 副本”，将图像移至需要做出涟漪效果的位置，执行“自由变换”命令中的“扭曲”变换。接着再执行“滤镜→扭曲→水波…”命令（“数量”23，“起伏”10，“样式”水池波纹），效果如图 8–15 所示。

⑤使用“椭圆选框工具”选定需要做出涟漪效果的背景区域，羽化选区（羽化“半径”25 左右）。执行上一次的“滤镜→扭曲→水波…”命令（Ctrl+F），取消选区显示，效果如图 8–16 所示。提示：水中荷花的涟漪效果，也可以将背景层与“图层 1 副本”合并图层后，执行一次“滤镜→扭曲→水波…”命令。

（3）通过图层样式制作出水滴效果。

①新建一个图层为“图层 2”，绘制一个圆形选区并填充颜色（R：217、G：177、B：189），作为水滴效果的基本图形。

②为“图层 2”添加“投影”（见图 8–17）、“斜面和浮雕”（见图 8–18）的图层样式，再将该图层的“填充”数值设为 34%。

③复制出其他两处的水滴，调整大小，最终效果如图 8–12 所示。

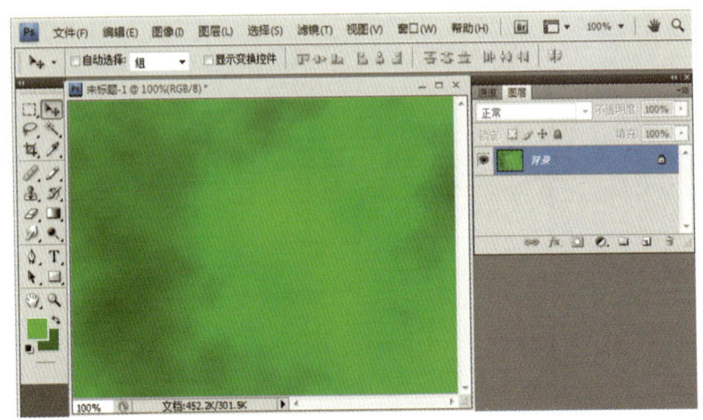

图 8–13　云彩效果

图 8–14　调整饱和度的效果图

图 8–15　处理后的效果图

图 8–16　取消选区显示效果图

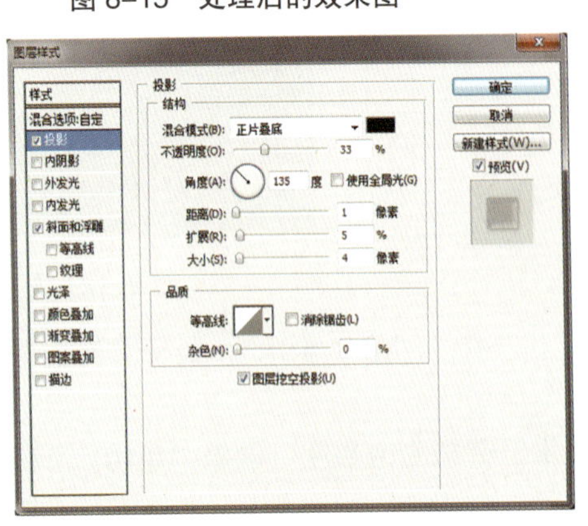

图 8–17　“投影”的图层样式

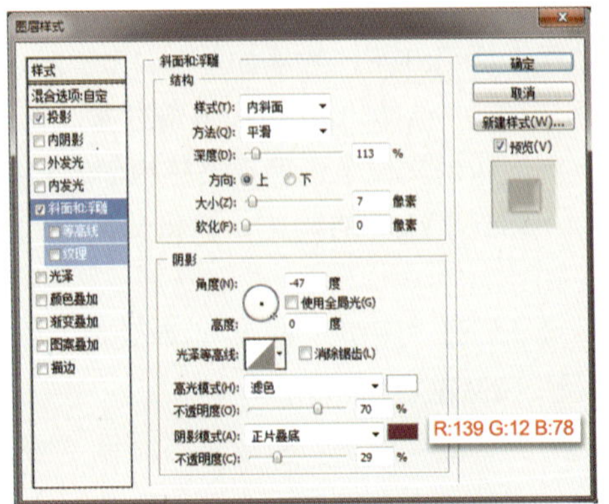

图 8–18　“斜面和浮雕”的图层样式

任务三

制作书签

一、任务要求 ONE

建一个新文件，参数为 4 cm × 10 cm，72 像素 / 英寸，RGB 模式，背景为白色。通过运用纹理等常用工具，制作出书签的效果。最终效果如图 8–19 所示。

二、操作步骤 TWO

（1）建一个新文件，参数为 4 cm × 10 cm，72 像素 / 英寸，RGB 模式，背景为白色。

（2）绘制书签的纹理及边缘的锯齿效果，输入相应的文字，将文字摆放在合适的位置并给文字做不同的修饰。

①制作灰黑色背景。新建一个图层为“图层 1”，绘制一矩形选区，选区内填充“黑色—浅灰”的线性渐变。取消选区，为“图层 1”添加“投影”的图层样式，效果如图 8–20 所示。

②背景效果的进一步处理稍后进行，接下来制作书签的纹理。新建一个图层为“图层 2”，绘制一个矩形选区（略小于黑色背景），选区内填充白色，执行“滤镜→纹理→纹理化…”命令（“纹理”画布，“缩放”50%，“凸现”5，“光照”下），效果如图 8–21 所示。

③制作杂边效果。复制“图层 2”为“图层 2 副本”，选择“图层 2”为当前操作图层，执行“滤镜→风格化→扩散…”命令（选择“变亮优先”），重复执行 2 ~ 3 次该滤镜（Ctrl+F），效果如图 8–22 所示。

④输入相应的文字（见图 8–23）。

⑤新建一个图层为“图层 3”，使用“铅笔工具”（选择“方头”画笔形状），添加文字周围的线条标记，线条颜色须预先设置前景色（见图 8–24）。

⑥使用“画笔工具”，喷涂出黑色的笔触效果。新建图层为“图层 4”，前景色为黑色。分别设定画笔的“形状动态”（渐隐值 40%，使笔画尾端逐渐消失于“颜色动态”）渐隐值 40%，使笔画颜色逐渐消退，绘制后效果如图 8–25 所示。

（3）打开文件 Yps8–04.tif，将花复制到新文件中，并将花复制一份调成洋红色放在合适位置，给书签制作阴影效果。

①选定文件 Yps8–04.tif 花朵与花枝的图像选区，将图像拷入当前制作文档中成为“图层 5”，调整花朵的大小与角度，并复制出另一朵花。

图 8–19 书签效果图

②用“魔棒工具”选定右侧红花的选区（不包括绿色花枝），执行“图像→调整→色相/饱和度”命令，调整色相，取消选区，效果如图 8-26 所示。

③进一步绘制背景的效果。选择“图层 1”，可以分别使用“减淡工具”、“加深工具”、“涂抹工具”，涂抹出所需效果，最终效果如图 8-17 所示。

图 8-20 图层样式效果图

图 8-21 纹理化处理效果图

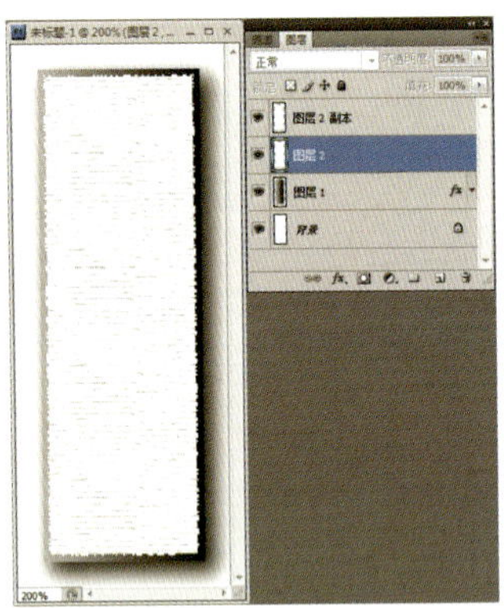

图 8-22 重复执行滤镜效果图

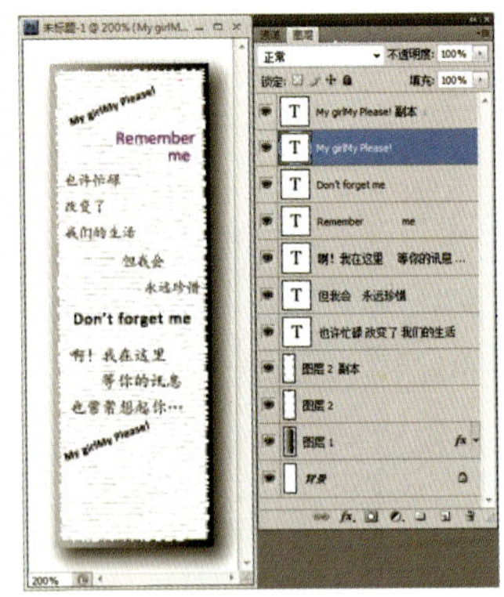

图 8-23 输入相应的文字

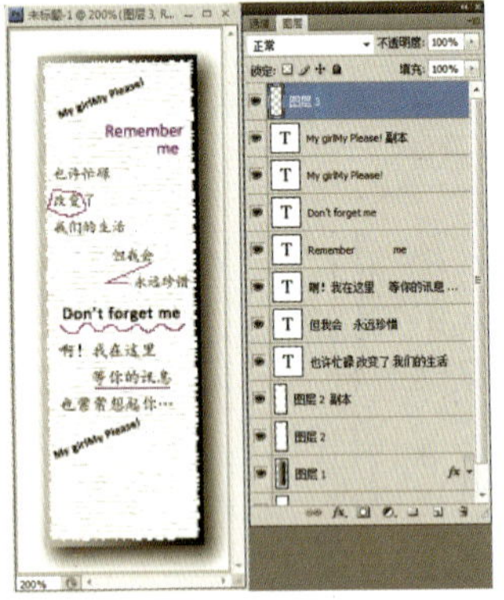

图 8-24 线条标记

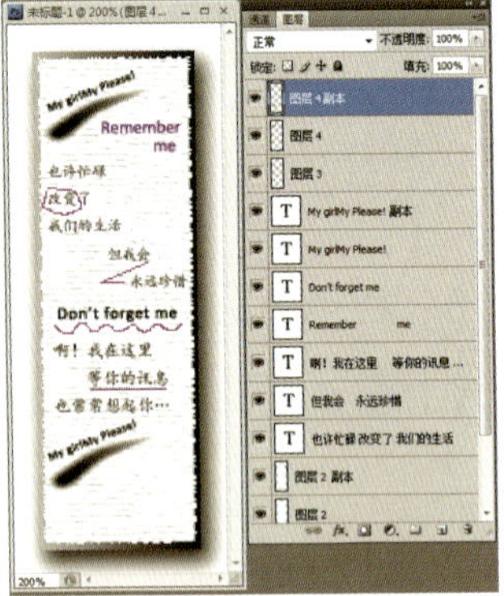

图 8-25 绘制后效果图

图 8-26 调整色相效果图

任务四

连续动作效果

一、任务要求 ONE

通过对图像的特技处理，做出小女孩在荡秋千的动态效果，最终效果如图 8-27 所示。

二、操作步骤 TWO

（1）打开文件 Yps8–05.psd 的路径调板，将路径转化为选区。转到图层调板，将选区内的图像原位置拷贝至自动新建的“图层 1”（Ctrl+J），再将背景图层填充为白色（见图 8–28）。

（2）表现出小女孩在荡秋千的动态效果。

①复制三次“图层 1”，分别对四个图层中的女孩图像进行角度、位置、大小的变换（见图 8–29）。

②连续选中左数第二、三、四个女孩所在的三个图层，一起拖到图层调板下端的“创建新图层”按钮，复制出三个图层的副本。在三个女孩的图层下面都有一个相同的图层，选择她们各自重叠在下面的图层，分别执行“滤镜→模糊→动感模糊…”，每个图层的动感模糊数值是略有区别的，左数第二个女孩动感模糊“角度”45°，“距离”75px（供参考）；左数第三个女孩动感模糊“角度”45°，“距离”90px（供参考）；左数第四个女孩动感模糊“角度”45°，“距离”90px（供参考）。效果如图 8–30 所示。

③然后再依次选择重叠在上面三个图层，执行“滤镜→模糊→高斯模糊…”命令，每个图层的高斯模糊数值略有区别，左数第二个女孩高斯模糊“半径”1.5px（供参考）；左数第三个女孩高斯模糊“半径”2.7px（供参考）；左数第四个女孩高斯模糊“半径”4.5px（供参考）。效果如图 8–31 所示。

（3）从图层调板的菜单中选择“合并可见图层”（Shift+Ctrl+E），最终效果如图 8–27 所示。

图 8–27 连续动作效果

图 8–28 将背景图层填充为白色

图 8–29 进行角度、位置、大小的变换

图 8–30 “动感模糊”命令效果图

图 8–31 “高斯模糊”命令效果图

任务五

绘制木雕图案

一、任务要求 ONE

通过对图像的特技处理，产生木雕图案的效果，最终效果如图 8-32 所示。

二、操作步骤 TWO

（1）分别调出文件 Yps8a-08.tif 和 Yps8b-08.tif，如图 8-33 所示。

图 8-32　木雕最终效果

(a) Yps8a-08.tif

(b) Yps8b-08.tif

图 8-33　文件

①在文件 Yps8b-08.tif 中，选择“魔棒工具”（工具选项栏设置“添加到选区”模式，“容差”30 左右，勾选“连续”选框），在图中红花和绿叶的不同位置点击，效果如图 8-34 所示。

②打开路径调板，将选区转为工作路径，保持路径的选择状态，将路径拷贝至文件 Yps8a-08.tif。

③打开通道调板，新建通道“Alpha 1”。

④打开路径调板，选择“画笔工具”（“前景色”白色，“画笔直径”1-2px，“硬度”100%），用画笔描边路径（路径调板下端左数第二个按钮“画笔描边路径”），效果如图 8-35 所示。

⑤取消路径显示，转到通道调板，通道“Alpha 1”中即为白色的描边。

⑥对通道“Alpha 1”执行“滤镜→风格化→浮雕效果”命令（“角度”143，“高度”7 像素，“数量”92%），效果如图 8-36 所示。

⑦激活 RGB 通道，打开图层调板，执行“图像→应用图像…”命令（“通道”Alpha 1，“混合”柔光），效果如图 8-37 所示。

⑧执行“图像→调整→色阶”命令，调整图像的色阶（见图 8-38）。

（2）设置适当的灯光效果。

执行“滤镜→渲染→光照效果”命令，对话框中调整好光线角度，其他设置保持默认值即可（见图 8-39），最终效果如图 8-32 所示。

图 8-34　在红花和绿叶不同位置点击的效果图

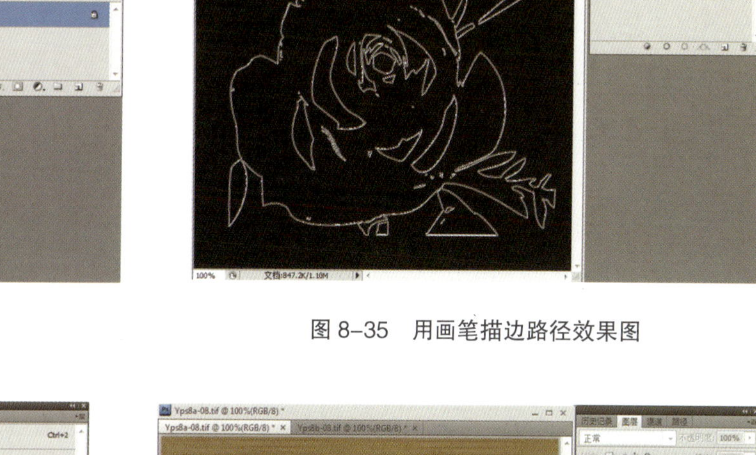

图 8-35　用画笔描边路径效果图

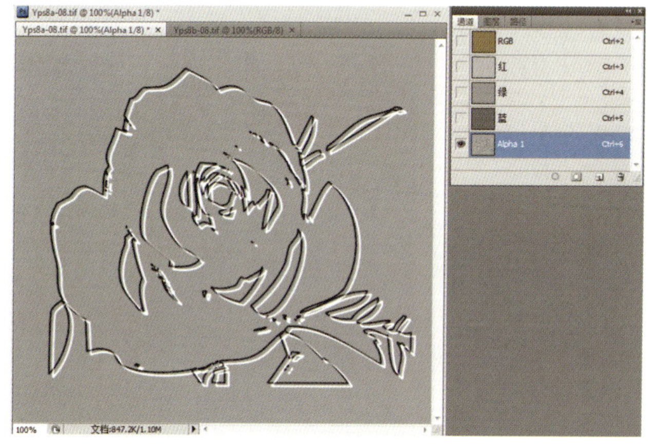

图 8-36　浮雕效果

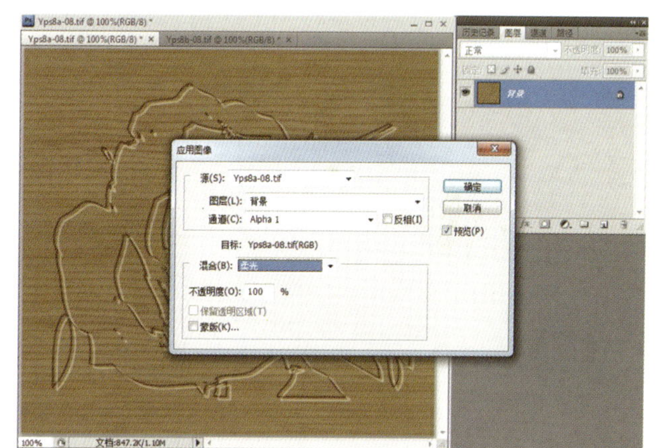

图 8-37　应用图像效果图

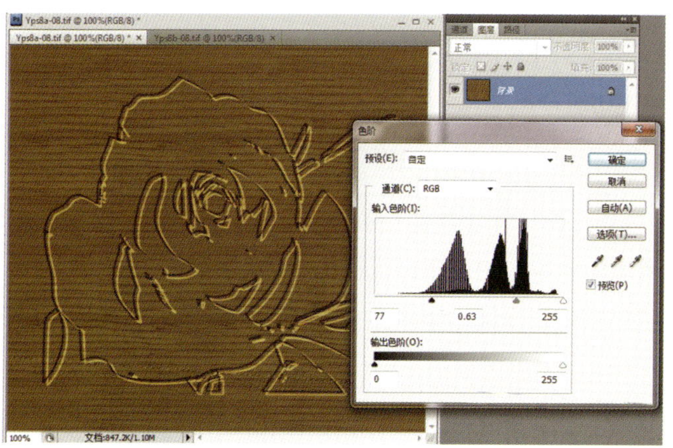

图 8-38　调整图像的色阶

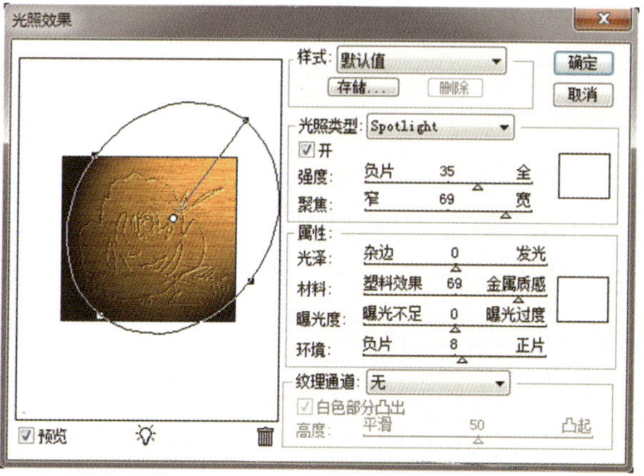

图 8-39　“光照效果”设置

任务六

空中楼阁的效果

一、任务要求 ONE

通过对图像的特技处理，产生空中楼阁的效果，最终效果如图 8–40 所示。

二、操作步骤 TWO

（1）分别调出文件 Yps5a–13.tif 和 Yps5b–13.tif，如图 8–41 所示。

图 8–40 空中楼阁的效果

(a) Yps5a–13.tif

(b) Yps5b–13.tif

图 8–41 文件

（2）通过对层的合成处理，表现空中楼阁的梦幻效果。

①将文件 Yps5a–13.tif 图像拖入文件 Yps5b–13.tif 成为“图层 1”，选定并删除“图层 1”的天空，透出背景层的蓝天白云。

②将“图层 1”的楼阁图像拉大（见图 8–42）。

③双击“图层 1”，弹出“图层样式”对话框（见图 8–43），在“混合选项”中调整“下一图层”显示到“本图层”的亮度值，使“下一图层”的“白云”显示到“本图层”的阁楼上，确定后的效果如图 8–44 所示。

④进一步调整两个图层的合成效果，为“图层 1”添加图层蒙版，将图像的左下角和右下角喷涂黑色的蒙版，露出下一图层的蓝天。

（3）选择图层调板菜单中的“合并可见图层”（Shift+Ctrl+E），最终效果如图 8–40 所示。

图 8-42 将楼阁图像拉大

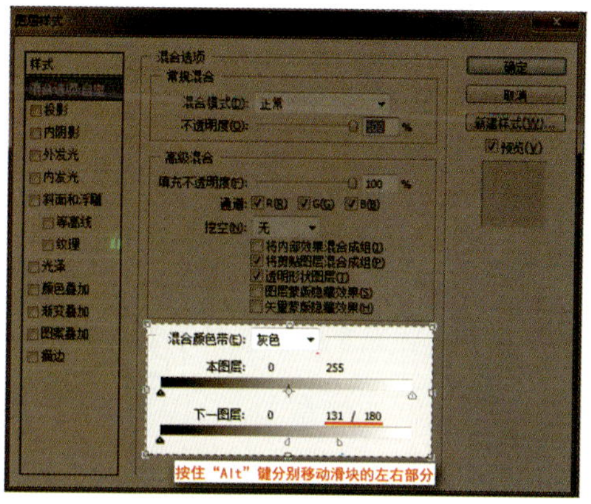

图 8-43 图层样式

图 8-44 确定后的效果

任务七

图像融合的效果

一、任务要求 ONE

通过对图像的特技处理，产生图像融合的创意效果，最终效果如图 8-45 所示。

二、操作步骤 TWO

（1）将文件 Yps8a-14.tif 图像拷入文件 Yps8b-14.tif 成为“图层 1”，复制“图层 1”为“图层 1 副本”。文件 Yps8a-14.tif 和 Yps8b-14.tif 如图 8-46（a）、（b）所示。

（2）隐藏“图层 1 副本”，将“图层 1”的图像拉大铺满整个文档。

（3）“图层 1”的图层混合模式选择“滤色”，执行“图像→调整→色相 / 饱和度”命令，对话框中勾选“着色”，将图像调整为单色效果（见图 8-47）。

（4）显示“图层 1 副本”，为“图层 1 副本”添加图层蒙版。使用“画笔工具”在需要遮挡的位置喷涂黑色蒙版(见图 8-48)。

（5）输入红色文字“水”（字体：楷体），放置于右下角，最终效果如图 8-45 所示。

图 4-45　图像融合的效果

(a)

(b)

图 8-46　文件

图 8-47　单色效果

图 8-48　喷涂黑色蒙版

任务八

天体通道的创意效果

一、任务要求　ONE

通过对图像的特技处理，产生天体通道的创意效果，最终效果如图 8-49 所示。

二、操作步骤 TWO

（1）打开文件 Yps8b-13.tif，将天空背景全部选定（Ctrl+A），粘贴至新的图层“图层 1”中。将“图层 1”中的天空缩小后放置在左上方。

（2）选定文件 Yps8a-15.tif 中的人物，拷入文件 Yps8b-13.tif 成为“图层 2”，选定文件 Yps8b-15.tif 图像中的一部分，拷入文件 Yps8b-13.tif 成为“图层 3”，置于“图层 2”的下层（见图 8-50）。

（3）选择“图层 1”为当前图层，使用“多边形套索工具”，沿“图层 3”和“图层 1”两个图像之间的四个角点的位置，依次选定上、左、下、右四个部分的梯形选区，并在上、左、下、右四个梯形选区内执行“图像→调整→亮度 / 对比度”命令。上面梯形选区的“亮度值”为 -50；左边梯形选区的“亮度值”为 -35；下面梯形选区的“亮度值”为 -20；右边梯形选区的“亮度值”为 -10，最终得到立体的效果（见图 8-51）。

（4）复制人物图层“图层 2”为“图层 2 副本”，选择“图层 2”，执行“滤镜→模糊→径向模糊”命令，“中心模糊”移至左上方，以产生从左上往右下的动感效果，效果如图 8-52 所示。

（5）使用“橡皮擦工具”，擦掉“图层 2”中多余的模糊效果，最终效果如图 8-49 所示。

图 8-49 天体通道的创意效果

图 8-50 处理图像

图 8-51 最终立体效果

图 8-52 动感效果

任务九

机器大象的创意效果

一、任务要求 ONE

通过对图像的特技处理，产生机器大象的创意效果，最终效果如图 8–53 所示。

二、操作步骤 TWO

（1）先选定出文件 Yps8b–16.tif 中大象的选区，再将选区内的图像原位置拷贝至自动新建的“图层 1”（Ctrl+J）。背景层填充“蓝—白”的线性渐变（见图 8–54）。

图 8–53　机器大象的创意效果

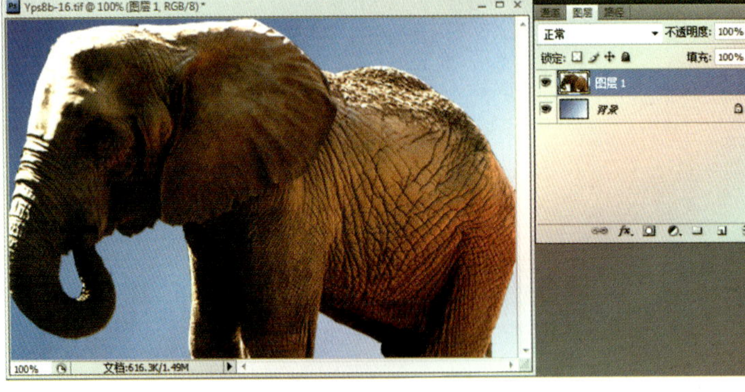

图 8–54　线性渐变

（2）把文件 Yps8a–16.tif 图像拖入文件 Yps8ab–16.tif 成为“图层 2”，将摩托车“水平翻转”后执行“图像→调整→去色”命令（Ctrl+Shift+U）。

（3）为“图层 2”添加图层蒙版，使用黑色“画笔工具”擦涂需要遮挡的部分（见图 8–55）。

（4）先点选“图层 2”的图层缩览图，使用“套索工具”圈定出需要拷贝的大致范围，再将其粘贴至新的“图层 3”，如图 8–56 所示。

（5）将“图层 3”的图像“水平翻转”过来，并添加图层蒙版，用黑色画笔工具喷涂需要被遮挡的部分，使图像边缘与“图层 2”中的摩托车自然地融合在一起，效果如图 8–57 所示。将“图层 2”、“图层 3”合并为一个图层。

（6）选择“图层 1，执行“图像→调整→色相 / 饱和度”命令，对话框中勾选“着色”选框，调整大象的颜色。

（7）用同样的方法调整摩托车的颜色，并适当降低摩托车图层的“不透明度”数值至65%左右，最终效果如图8-53所示。

图 8-55 擦涂需要遮挡的部分

图 8-56 图像处理

图 8-57 图层融合效果

任务十

立体环绕效果

一、操作要求 ONE

建一个新文件，参数为16 cm × 12 cm，72像素/英寸，RGB模式，背景为深蓝色（R：41、G：36、B：113）。通过对图像的特技处理，制作出立体环绕的效果，最终效果如图8-58所示。

二、操作步骤 TWO

（1）建一个新文件，参数为16 cm × 12 cm，72像素/英寸，RGB模式，背景为深蓝色（R：41、G：36、

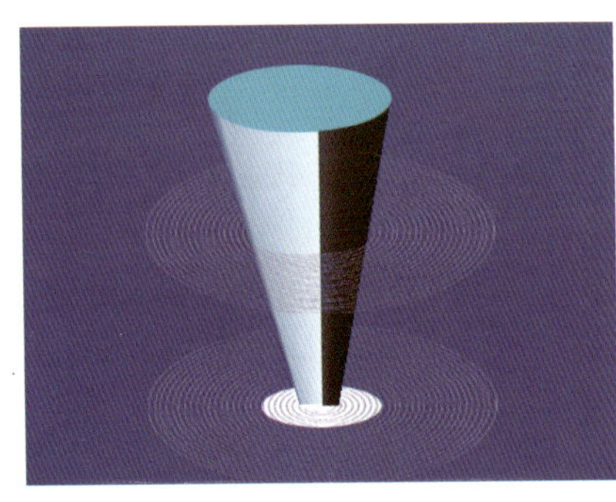

图 8-58　立体环绕效果

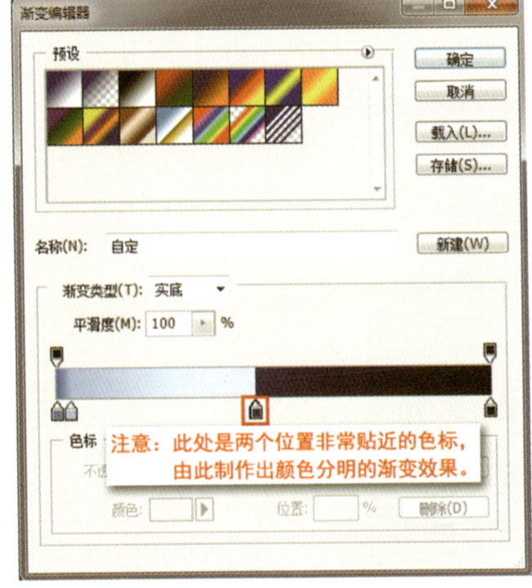

图 8-59　渐变编辑器

B：113）。

（2）制作立体形状，并处理好各侧面的色彩及亮度。

①新建一个图层为"图层 1"，使用"矩形选框工具"绘制一个长方形选区。选择"渐变工具"，打开"渐变编辑器"，设置渐变颜色（见图 8-59）。

②使用"线性"渐变模式，按住"Shift"键，在选区内由左向右拖出水平渐变线，取消选区，得到的效果如图 8-60 所示。

③执行"自由变换"命令中的"透视"变换。

④新建图层"图层 2"、"图层 3"，分别绘制出浅蓝色和白色两个椭圆形。调整图层顺序，将蓝色椭圆形的"图层 2"置于最顶层（见图 8-61）。

（3）制作环形的效果，并围绕立体形状。

①新建一个图层为"图层 4"，绘制一个正圆形选区，执行"编辑→描边…"命令（"宽度"1px，"颜色"参考图 8-58，"位置"不限），取消选区，效果如图 8-62 所示。

②执行"自由变换"命令，将环圈压扁（见图 8-63）。双击确定变换效果后，复制"图层 4"为"图层 4 副本"。对其中一个环圈执行"自由变换"命令（Ctrl+T），按住"Alt+Shift"键，向内等比缩小环圈（见图 8-64）。

③其他环圈的制作。多次按组合快捷键"Ctrl+Shift+Alt+T"，依据上一次环圈的缩小比例，复制出逐层递减的效果（见图 8-65）。

④合并所有的环圈图层，并将其置于"图层 1"的下层。

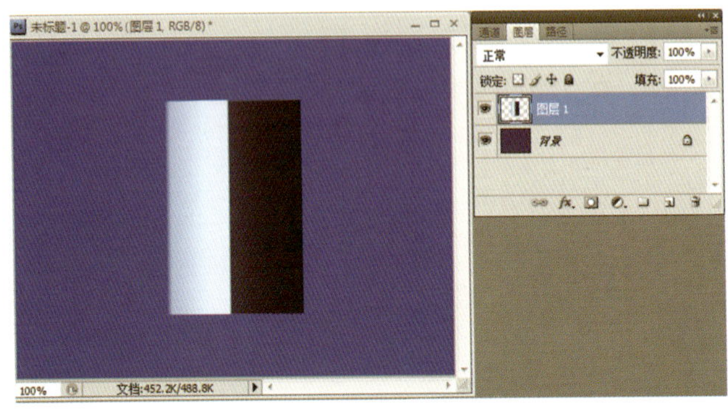

图 8-60　"线性"渐变模式效果

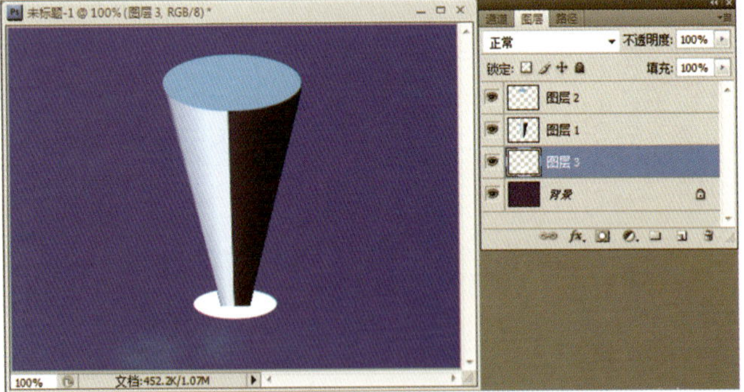

图 8-61　将"图层 2"置于最顶层

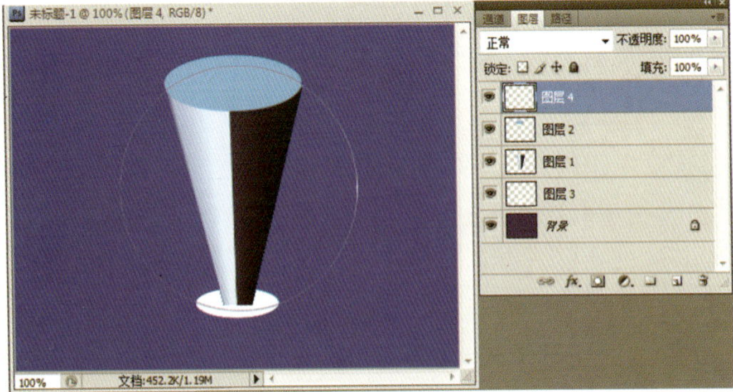

图 8-62　描边效果图

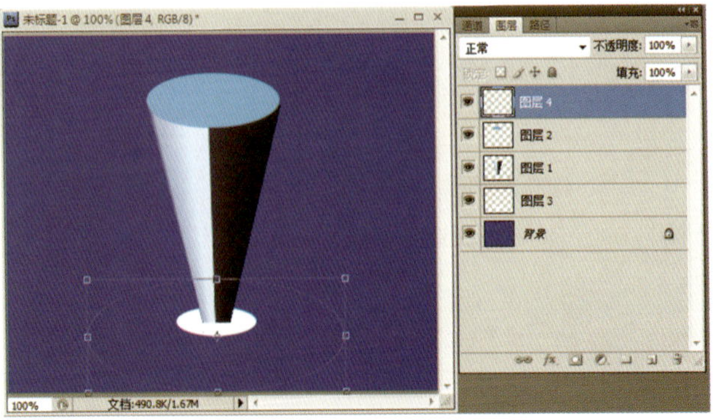

图 8-63　将环圈压扁

⑤复制环圈图层，移至圆锥的上端（见图 8-66），使用“椭圆选框工具”配合“多边形套索工具”沿圆锥的边缘选定需要删除的环圈部分（见图 8-67）。按“Delete”键删掉选区内的图像即可，效果如图 8-58 所示。

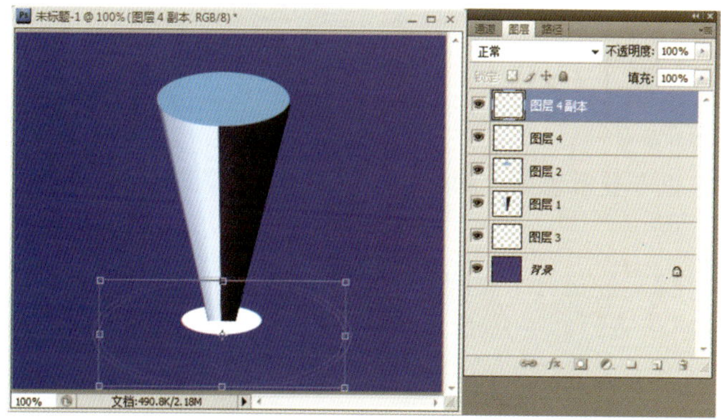

图 8-64　向内等比缩小环圈

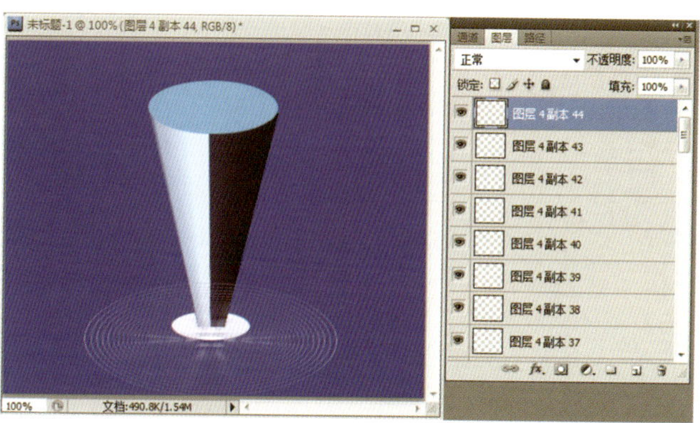

图 8-65　逐层递减效果

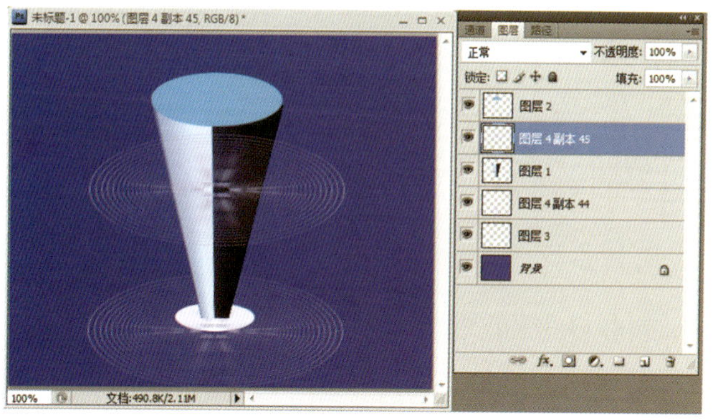

图 8-66　移至圆锥的上端

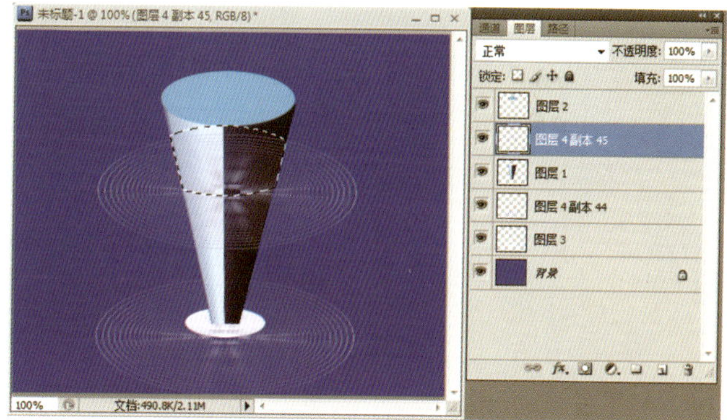

图 8-67　选定要删除的环圈部分

参考文献 CANKAOWENXIAN

[1] 国家职业技能鉴定专家委员会计算机专业委员会. Photoshop 试题汇编[M]. 北京:科学出版社,2007.

[2] 全国计算机信息高新技术考试教材编写委员会. Photoshop中文版职业技能培训教程[M]. 北京:科学出版社,2007.